住房和城乡建设部"十四五"规划教材
职业教育装配式建筑工程技术系列教材

装配式钢结构工程施工

李芬红　主　编
唐国财　陈　丽　副主编
杨海平　主　审

中国建筑工业出版社

图书在版编目（CIP）数据

装配式钢结构工程施工 / 李芬红主编；唐国财，陈
丽副主编. — 北京：中国建筑工业出版社，2022.12（2024.6重印）
住房和城乡建设部"十四五"规划教材　职业教育装
配式建筑工程技术系列教材
ISBN 978-7-112-27943-2

Ⅰ. ①装…　Ⅱ. ①李…　②唐…　③陈…　Ⅲ. ①装配式
构件-钢结构-工程施工-职业教育-教材　Ⅳ.
①TU758.11

中国版本图书馆 CIP 数据核字（2022）第 174341 号

　　本教材共包括5个模块：模块1　装配式钢结构的基本知识、模块2　轻钢门式刚架结构工程施工、模块3　钢框架结构工程施工、模块4　桁架结构工程施工、模块5　网架结构工程施工。

　　模块1简单讲述装配式钢结构的概念、特点、应用及发展前景，使学生及钢结构行业的初学者了解装配式钢结构的概念、特点、应用及发展前景，为装配式钢结构工程施工知识的学习打下良好的基础。模块2、3、4、5均"以学生为主体，以理论为基础，以项目为载体，以任务为导向"进行编写，每个模块均包括对应装配式钢结构的基本知识、施工图识读、加工与制作、安装及验收、实训等内容。

　　为便于本课程教学，作者自制免费课件，索取方式：1. 邮箱 jckj@cabp.com.cn；2. 电话（010）58337285；3. 建工书院 http://edu.cabplink.com。

责任编辑：王予芊
责任校对：李美娜

住房和城乡建设部"十四五"规划教材
职业教育装配式建筑工程技术系列教材
装配式钢结构工程施工
李芬红　主　编
唐国财　陈　丽　副主编
杨海平　主　审

*

中国建筑工业出版社出版、发行（北京海淀三里河路9号）
各地新华书店、建筑书店经销
北京鸿文瀚海文化传媒有限公司制版
建工社（河北）印刷有限公司印刷

*

开本：787 毫米×1092 毫米　1/16　印张：11½　字数：285 千字
2022 年 11 月第一版　2024 年 6 月第三次印刷
定价：**35.00 元**（赠教师课件）
_____
ISBN 978-7-112-27943-2
（40059）

出版说明

党和国家高度重视教材建设。2016 年，中办国办印发了《关于加强和改进新形势下大中小学教材建设的意见》，提出要健全国家教材制度。2019 年 12 月，教育部牵头制定了《普通高等学校教材管理办法》和《职业院校教材管理办法》，旨在全面加强党的领导，切实提高教材建设的科学化水平，打造精品教材。住房和城乡建设部历来重视土建类学科专业教材建设，从"九五"开始组织部级规划教材立项工作，经过近 30 年的不断建设，规划教材提升了住房和城乡建设行业教材质量和认可度，出版了一系列精品教材，有效促进了行业部门引导专业教育，推动了行业高质量发展。

为进一步加强高等教育、职业教育住房和城乡建设领域学科专业教材建设工作，提高住房和城乡建设行业人才培养质量，2020 年 12 月，住房和城乡建设部办公厅印发《关于申报高等教育职业教育住房和城乡建设领域学科专业"十四五"规划教材的通知》（建办人函〔2020〕656 号），开展了住房和城乡建设部"十四五"规划教材选题的申报工作。经过专家评审和部人事司审核，512 项选题列入住房和城乡建设领域学科专业"十四五"规划教材（简称规划教材）。2021 年 9 月，住房和城乡建设部印发了《高等教育职业教育住房和城乡建设领域学科专业"十四五"规划教材选题的通知》（建人函〔2021〕36 号）。为做好"十四五"规划教材的编写、审核、出版等工作，《通知》要求：（1）规划教材的编著者应依据《住房和城乡建设领域学科专业"十四五"规划教材申请书》（简称《申请书》）中的立项目标、申报依据、工作安排及进度，按时编写出高质量的教材；（2）规划教材编著者所在单位应履行《申请书》中的学校保证计划实施的主要条件，支持编著者按计划完成书稿编写工作；（3）高等学校土建类专业课程教材与教学资源专家委员会、全国住房和城乡建设职业教育教学指导委员会、住房和城乡建设部中等职业教育专业指导委员会应做好规划教材的指导、协调和审稿等工作，保证编写质量；（4）规划教材出版单位应积极配合，做好编辑、出版、发行等工作；（5）规划教材封面和书脊应标注"住房和城乡建设部'十四五'规划教材"字样和统一标识；（6）规划教材应在"十四五"期间完成出版，逾期不能完成的，不再作为《住房和城乡建设领域学科专业"十四五"规划教材》。

住房和城乡建设领域学科专业"十四五"规划教材的特点，一是重点以修订教育部、住房和城乡建设部"十二五""十三五"规划教材为主；二是严格按照专业标准规范要求编写，体现新发展理念；三是系列教材具有明显特点，满足不同层次和类型的学校专业教学要求；四是配备了数字资源，适应现代化教学的要求。规划教材的出版凝聚了作者、主审及编辑的心血，得到了有关院校、出版单位的大力支持，教材建设管理过程有严格保障。希望广大院校及各专业师生在选用、使用过程中，对规划教材的编写、出版质量进行反馈，以促进规划教材建设质量不断提高。

住房和城乡建设部"十四五"规划教材办公室

2021 年 11 月

前　言

本教材为住房和城乡建设部"十四五"规划教材。

"装配式钢结构工程施工"是建筑工程技术专业的一门专业核心课程,它包含装配式钢结构基本知识、装配式钢结构工程施工图识图与构造、装配式钢结构构件的加工与制作、装配式钢结构安装及验收等方面的知识。

近年来,发展绿色建筑、建筑工业化、钢结构住宅产业化、大力发展装配式建筑、"一带一路"倡议、碳达峰碳中和、《"十四五"建筑业发展规划》等一系列国家政策和相关钢结构的规范标准的出台都大力推动了钢结构的发展。目前国内钢产量充足,为钢结构的发展提供了较好的物质基础,只要顺应国家相关政策、及时把握钢结构的发展趋势,结合我国国情,积极借鉴并吸纳国外成熟技术,我国钢结构的发展前景良好,这对钢结构工程施工技术人才的需求将大大增加,为了满足钢结构施工技术人才培养需求,相关教材的编写至关重要。

目前钢结构工程施工相关的教材比较多,但均是以理论为主的传统的教材,使用过程中难以激发学生的学习兴趣,不能满足"理实一体化"教学的需求,以及满足装配式钢结构建筑人才培养的需求。目前大多数高职院校具备了钢结构施工实训条件,同时国家提出了数字化教育改革,但是没有配套的教材,为了真正实现"理实一体化"教学,达到具有实际意义的教学效果,非常有必要编制具有信息化、系统化、生活化、情景化、动态化、形象化特点的实用新形态教材,为培养技能型和应用型的装配式钢结构施工人才创造条件。

课程介绍

本教材由浙江同济科技职业学院李芬红担任主编,浙江中南绿建科技集团有限公司唐国财和绍兴职业技术学院陈丽担任副主编,浙江同济科技职业学院杨海平担任主审。模块1由浙江同济科技职业学院李芬红编写;模块2由浙江同济科技职业学院李芬红、绍兴职业技术学院陈丽、浙江中南绿建科技集团有限公司唐国财编写;模块3由浙江同济科技职业学院李芬红、杭州华新检测股份有限公司郑刚兵和王力子编写;模块4由浙江同济科技职业学院李芬红、浙江中南绿建科技集团有限公司唐国财和李志峰、绍兴职业技术学院陈丽编写;模块5由浙江同济科技职业学院李芬红和康铁钢、浙江中南绿建科技集团有限公司李志峰编写;附录由浙江同济科技职业学院李芬红和康铁钢编制,衷心感谢为教材编写付出努力的企业和专家。

本教材可供建筑工程技术专业学生使用,也可供钢结构技术人员及相关从业人员参考学习。

限于编者的经验水平有限,书中难免存在缺点和错误,恳请读者批评指正。

目　录

模块 1

Modular 01

装配式钢结构的基本知识

学习目标

通过对本模块的学习，了解装配式钢结构的概念、特点、应用及发展前景，为装配式钢结构工程施工知识的学习打下良好的基础。

能力目标

本模块旨在培养学生对装配式钢结构知识学习的兴趣，从宏观方面理解装配式钢结构工程的内涵及特质，使他们对装配式钢结构工程有一个初步、全面的认知。

素质目标

国家提出碳达峰碳中和目标，发展装配式钢结构建筑，以满足建筑适用、经济、安全、绿色、环保、美观的要求，同时达到全面提高装配式钢结构建筑的环境效益、社会效益和经济效益的目标。

▶ 思维导图

```
                          ┌─── 装配式钢结构的概念
                          │
    ┌──────────────┐      │
    │ 装配式钢结构的 │──────┼─── 装配式钢结构的特点
    │   基本知识    │      │
    └──────────────┘      │
                          └─── 装配式钢结构的应用及发展前景
```

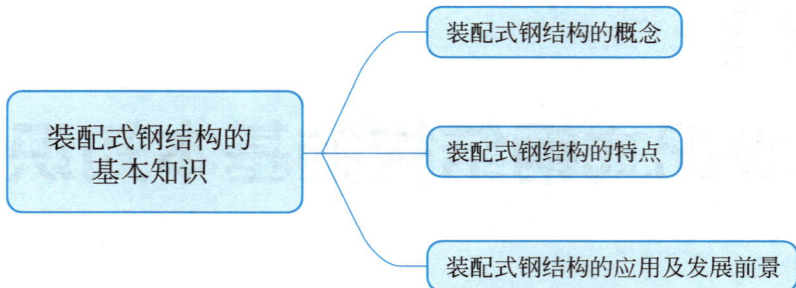

1.1　装配式钢结构的概念

　　装配式建筑是结构系统、围护系统、设备与管线系统、内装系统的主要部分采用预制部品部件集成的建筑。装配式钢结构是指由型钢和钢板等制成的构件所组成的结构。

　　装配式钢结构的连接方法有焊缝连接、螺栓连接和铆钉连接等，如图 1-1 所示。

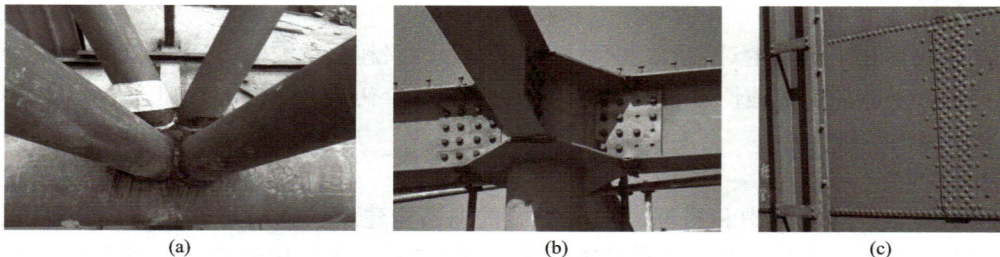

(a)　　　　　　　　　　(b)　　　　　　　　　　(c)

图 1-1　钢结构的连接方法

（a）焊缝连接；（b）螺栓连接；（c）铆钉连接

　　在实际工程中，常见的钢结构连接方法有焊缝连接和螺栓连接，由于铆钉连接施工工艺复杂、制造费工费料，且劳动强度高，故现已很少被采用。

　　钢结构构件的材料一般采用碳素结构钢和低合金高强度结构钢。碳素结构钢详见标准《碳素结构钢》GB/T 700—2006；低合金高强度结构钢详见标准《低合金高强度结构钢》GB/T 1591—2018。

1.1　装配式钢结构的概念

1.2　装配式钢结构的特点

1.2.1　装配式钢结构的优点

相对于装配式混凝土建筑而言，装配式钢结构建筑具有以下优点：

1. 没有现场现浇节点，安装速度更快，施工质量更容易得到保证。

2. 钢结构是延性材料，具有更好的抗震性能。

3. 相对于混凝土结构，钢结构自重更轻，基础造价更低。

4. 钢结构是可回收材料，更加绿色环保。

5. 精心设计的钢结构装配式建筑，比装配式混凝土建筑具有更好的经济性。

6. 梁柱截面更小，可获得更多的使用面积。

1.2.2　装配式钢结构的缺点

1. 相对于装配式混凝土结构，外墙体系与传统建筑存在差别，较为复杂。

2. 如果处理不当或者没有经验，防火和防腐问题需要引起重视。

3. 如设计不当，钢结构比传统混凝土结构更贵，但相对装配式混凝土建筑而言，仍然具有一定的经济性。

综上，装配式钢结构具有强度高、跨度大、自重轻、抗震性能好、施工工期短、工业化程度高、可回收利用率高、耐火性和耐腐性差等特点。

1.3　装配式钢结构的应用及发展前景

由于钢结构具有强度高、跨度大、自重轻、抗震性能好、施工工期短、工业化程度高等优点，我国装配式钢结构广泛应用于轻型钢结构建筑、大跨度建筑、多高层建筑、高耸建筑、板壳结构建筑等工程中。

1. 轻型钢结构

轻型钢结构目前应用非常普遍，一般用于工业厂房、物流仓库、农贸市场阳棚、农业用暖棚、轻钢别墅、活动板房、凉亭等（图 1-2）。

图 1-2　轻型钢结构实例（一）

（a）某生产厂房；（b）某物流仓库；（c）某农贸市场；（d）某蔬菜大棚

(e)　　　　　　　　　　　　　　　　　(f)

图1-2　轻型钢结构实例（二）

（e）某轻钢别墅；（f）某活动板房

2. 大跨度钢结构

大跨度钢结构常用于火车站站房、机场航站楼、体育场馆、会议展览中心等公共建筑及有较大的内部自由空间要求的工业建筑。其结构体系主要有巨型刚架结构、网架结构、桁架结构、悬索结构、索膜结构、索桁结构、拱膜结构等（图1-3）。

(a)　　　　　　　　　　　　　　　　　(b)

(c)　　　　　　　　　　　　　　　　　(d)

图1-3　大跨度钢结构实例

（a）国家体育场；（b）北京大兴机场；（c）贵阳国际会展中心；（d）威海市国际商品交易中心

3. 多高层钢结构

对于多高层建筑来说，可采用钢框架结构、型钢混凝土框架结构、钢管混凝土框架结构、钢框架-支撑结构、钢框架-混凝土剪力墙结构、钢框架-混凝土筒体结构、巨型斜撑结构等，目前高层钢结构蓬勃发展，常应用于商务楼、住宅等（图1-4）。

(a)

(b)

(c)

(d)

(e)

(f)

图 1-4　多高层钢结构实例

（a）北京保利国际广场；（b）中国人寿大厦；（c）东莞台商大厦；
（d）上海中心大厦（e）包头万郡大都城；（f）广州西塔

4. 高耸钢结构

高耸钢结构主要应用于高压输电线塔架、广播和电视发射塔、观光塔等（图 1-5）。

(a)   (b)

(c)   (d)

图 1-5　高耸钢结构实例

（a）埃菲尔铁塔；（b）广州电视塔；（c）东方明珠塔；（d）多伦多电视塔

5. 板壳结构

板壳结构主要应用于剧院、博物馆、游乐场等有特殊象征意义的公共建筑（图 1-6）。

图 1-6　板壳结构实例（国家大剧院）

近年来，发展绿色建筑、建筑工业化、钢结构住宅产业化、大力发展装配式建筑、一带一路、碳达峰碳中和等一系列国家政策和相关装配式钢结构的规范标准的出台都大力推动了钢结构的发展，目前国内钢产量充足，为装配式钢结构的发展提供了较好的物质基础，只要顺应国家相关政策、及时把握装配式钢结构的发展趋势，结合我国国情，积极借鉴并吸纳国外成熟技术，我国装配式钢结构的发展前景将是非常美好的。

项目拓展

1. 现场实地参观钢结构建筑。
2. 借助互联网平台等查找并了解钢结构实际工程。
3. 借助互联网平台等了解关于钢结构行业的相关政策和最新发展动态。

1.2　装配式钢
结构的应用
及发展前景

模块小结

本模块主要学习装配式钢结构的概念、特点、应用及发展等，使学生对装配式钢结构工程有深刻的理解。

模块巩固

1. 什么是装配式钢结构？
2. 装配式钢结构构件之间的连接方法有哪些？常见的装配式钢结构构件之间的连接方法有哪些？
3. 装配式钢结构有哪些特点？装配式钢结构的优点和缺点各有哪些？
4. 论述装配式钢结构的应用及发展前景。
5. 绘制本模块知识点的思维导图。

模块 2
轻钢门式刚架结构工程施工

Modular 02

学习目标

通过本模块学习，熟悉轻钢门式刚架结构的组成、会识读轻钢门式刚架设计图与加工图、会编制轻钢门式刚架结构加工与制作方案、掌握轻钢门式刚架结构安装及验收方法。

能力目标

本模块旨在培养学生从事轻钢门式刚架识图、加工制作与施工安装方面的技能，通过课程讲解使学生能熟练掌握轻钢门式刚架结构的组成、构造、加工制作、安装及验收方法等知识；通过动画、录像、实操训练等强化学生从事轻钢门式刚架加工制作与施工安装的技能。

素质目标

高端制造是经济高质量发展的重要支撑。推动我国制造业转型升级，建设制造强国，必须加强技术研发，提高国产化替代率，把科技的命脉掌握在自己手中，国家才能真正强大起来。这进一步强调了国家发展制造业的重要性。轻钢门式刚架结构作为制造业厂房建设最合适的装配式钢结构形式，必须大力发展相关技术，满足制造业发展需求。

思维导图

轻钢门式刚架结构
工程施工
├── 轻钢门式刚架结构的基本知识
├── 轻钢门式刚架结构施工图识读
├── 焊接H型钢构件的加工与制作
└── 轻钢门式刚架结构工程的安装及验收

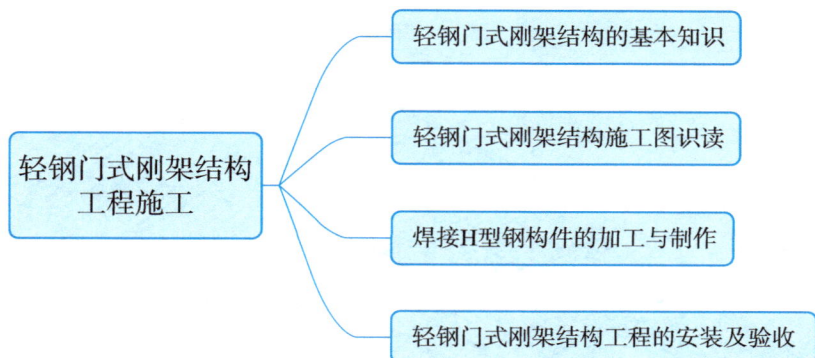

2.1　轻钢门式刚架结构的基本知识

学习目标

掌握轻钢门式刚架结构的组成、连接与构造、材料等。

能力目标

使学生能熟练掌握轻钢门式刚架结构的组成、连接与构造、材料等方面的知识。

2.1.1　轻钢门式刚架结构的组成

轻钢门式刚架结构的组成主要包括主体结构、支撑系统、吊车梁系统、围护系统和辅助结构等，如图 2-1、图 2-2 所示。

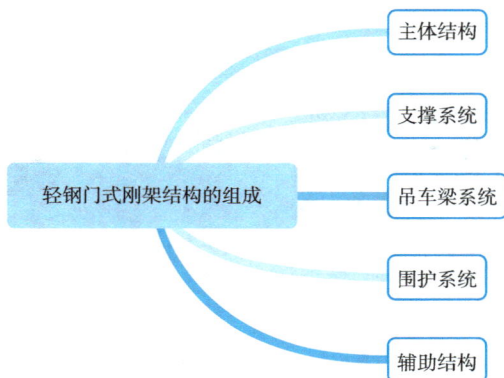

轻钢门式刚架结构的组成
├── 主体结构
├── 支撑系统
├── 吊车梁系统
├── 围护系统
└── 辅助结构

图 2-1　轻钢门式刚架结构的组成

1. 主体结构

轻钢门式刚架结构的主体结构主要包括刚架柱、刚架梁、抗风柱等主要构件，如图 2-3 所示。

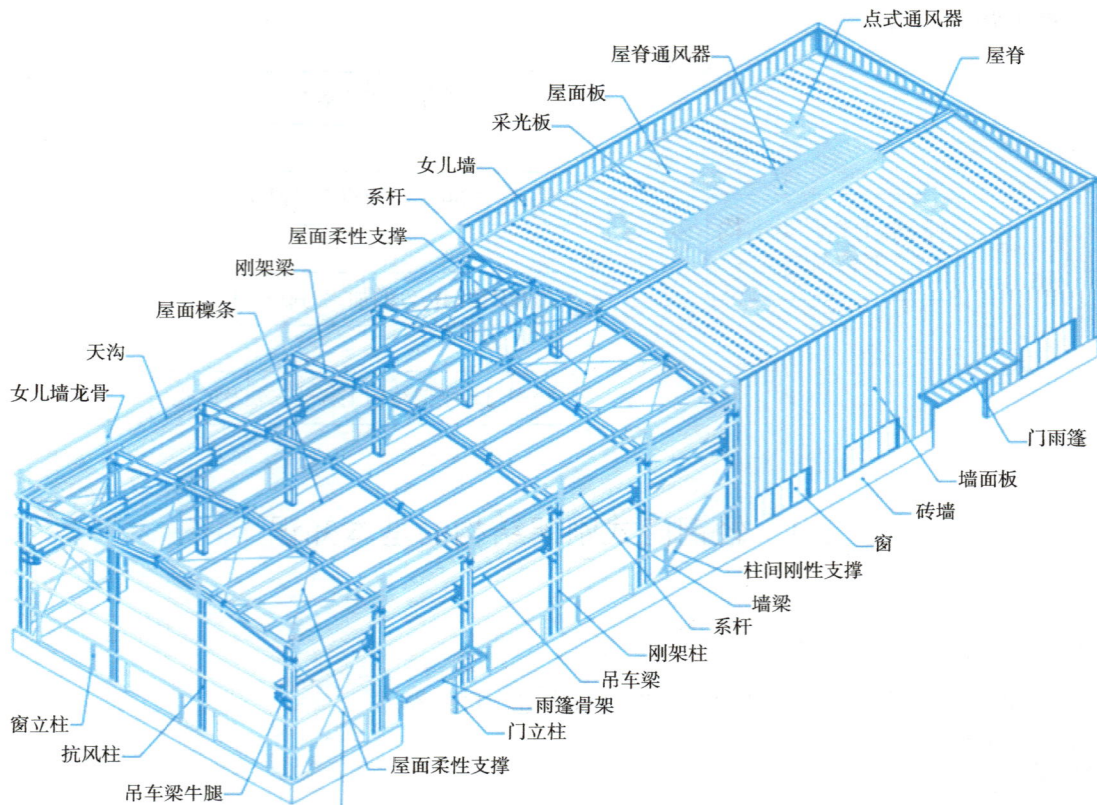

点式通风器
屋脊通风器
屋脊
屋面板
采光板
女儿墙
系杆
屋面柔性支撑
刚架梁
屋面檩条
天沟
女儿墙龙骨
门雨篷
墙面板
砖墙
窗
柱间刚性支撑
墙梁
系杆
刚架柱
吊车梁
雨篷骨架
门立柱
窗立柱
抗风柱
吊车梁牛腿
屋面柔性支撑

图 2-2　轻钢门式刚架结构组成的示意图

2. 支撑系统

支撑系统主要包括屋面水平支撑、柱间垂直支撑、刚性系杆、角隅撑等，如图 2-4 所示。

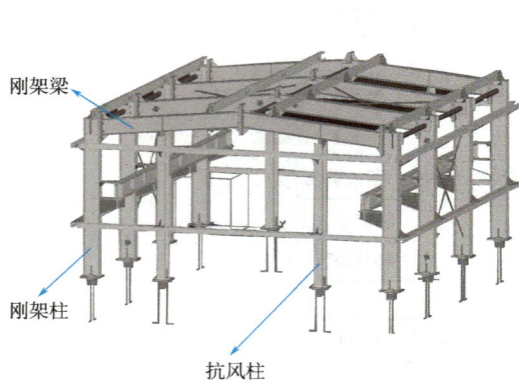

刚架梁
刚架柱
抗风柱

图 2-3　轻钢门式刚架结构的主体结构

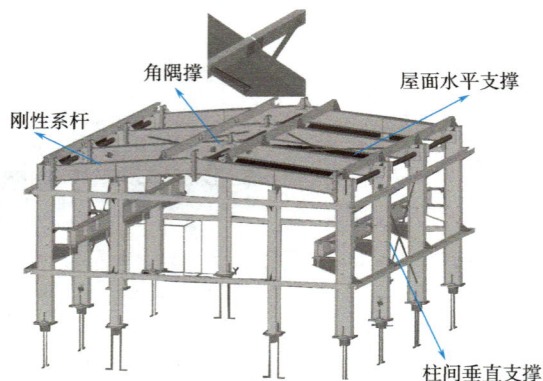

角隅撑
屋面水平支撑
刚性系杆
柱间垂直支撑

图 2-4　轻钢门式刚架结构的支撑系统

3. 吊车梁系统

对于有吊车的轻钢门式刚架结构，还需要设置吊车梁系统，吊车梁系统主要包括吊车梁、制动桁架（或制动板）、车挡等，如图 2-5 所示。制动桁架（或制动板）的作用是保证吊车梁的整体稳定，车挡的作用是防止吊车开行到吊车梁端部后滑落。

4. 围护系统

围护系统主要包括屋面围护系统和墙面围护系统，屋面围护系统主要包括屋面檩条和屋面板等；墙面围护系统主要包括墙面檩条（墙梁）和墙面板等，如图 2-6 所示。

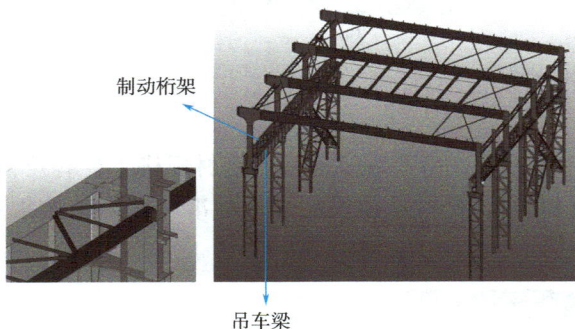

图 2-5　轻钢门式刚架结构的吊车梁系统

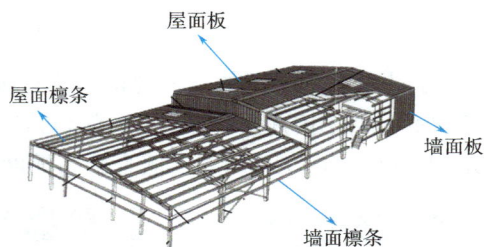

图 2-6　轻钢门式刚架结构的围护系统

5. 辅助结构

轻钢门式刚架结构常见的辅助结构包括屋面气楼、通风器、雨篷、平台及楼梯等，如图 2-7 所示。

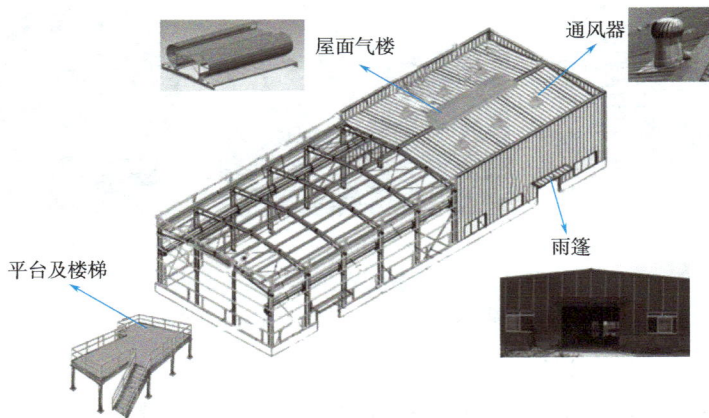

2.1　轻钢门式刚架结构组成

图 2-7　轻钢门式刚架的辅助结构

2.1.2　轻钢门式刚架结构的材料

1. 主体结构构件的材料

主体结构构件常采用的规格主要有焊接 H 型钢、热轧 H 型钢等（图 2-8）；常用的钢材材质主要有 Q235 和 Q355，材料具体性能详见标准《碳素结构钢》GB/T 700—2006 和标准《低合金高强度结构钢》GB/T 1591—2018。

2. 支撑系统构件的材料

屋面水平支撑和柱间垂直支撑构件常采用的钢材规格主要有圆钢、角钢、工字钢、槽

11

图 2-8　主体结构常见截面形式

(a) 焊接 H 型钢；(b) 热轧 H 型钢

钢；刚性系杆常采用的钢材规格主要有圆管、方管；角隅撑常采用的钢材规格主要有角钢（图 2-9）。常用的钢材材质主要有 Q235 和 Q355，材料具体性能详见标准《碳素结构钢》GB/T 700—2006 和标准《低合金高强度结构钢》GB/T 1591—2018。

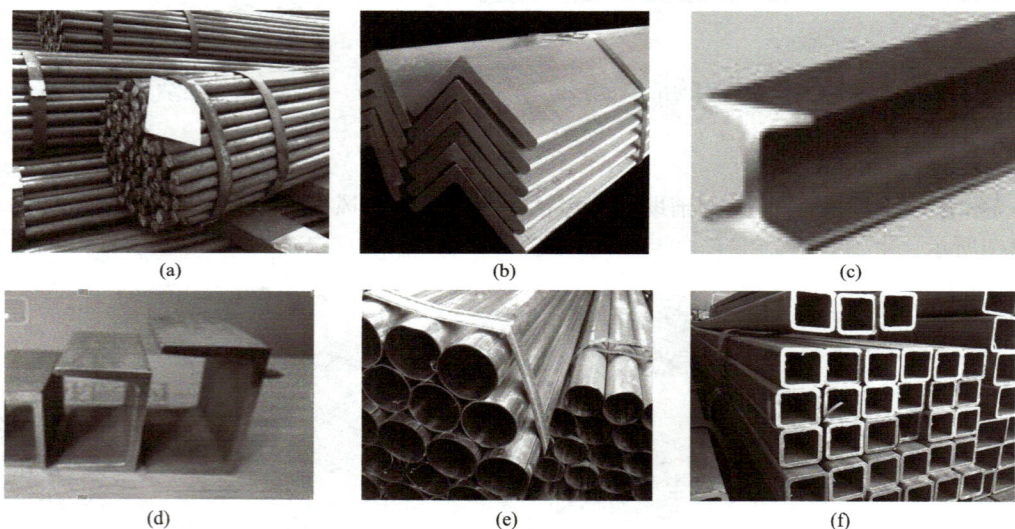

图 2-9　支撑系统构件常见截面形式

(a) 圆钢；(b) 角钢；(c) 工字钢；(d) 槽钢；(e) 圆管；(f) 方管

3. 吊车梁系统构件的材料

吊车梁常采用的钢材规格主要有焊接 H 型钢；制动桁架常采用的钢材规格主要有角钢、工字钢、槽钢等（图 2-10）。材质主要有 Q235 和 Q355，材料具体性能详见标准《碳素结构钢》GB/T 700—2006 和标准《低合金高强度结构钢》GB/T 1591—2018。

4. 围护系统构件的材料

屋面檩条常采用的截面形式主要有 C 型钢和 Z 型钢，常用的材质主要有 Q235 和 Q355；墙面檩条（墙梁）常见的截面形式主要有 C 型钢，常用的材质主要有 Q235 和 Q355，材料具体性能详见标准《碳素结构钢》GB/T 700—2006 和标准《低合金高强度结构钢》GB/T 1591—2018。檩条、墙梁常见截面形式如图 2-11 所示。

屋面板和墙面板常见的有单层压型钢板、压型钢板加保温棉、EPS 夹芯板、聚氨酯板等（图 2-12）。

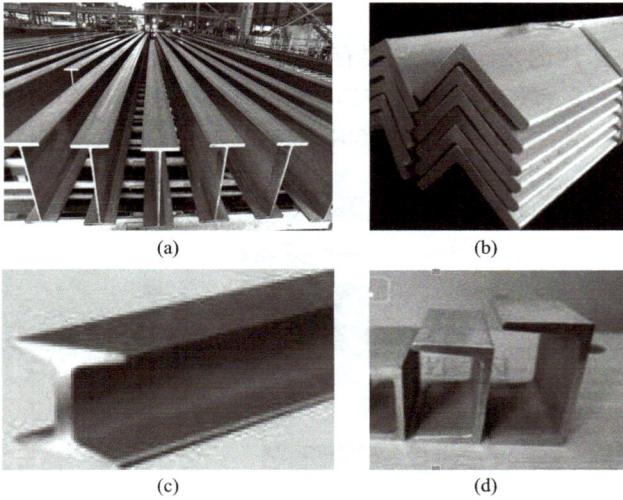

图 2-10　吊车梁系统构件常见截面形式

（a）焊接 H 型钢　（b）角钢；（c）工字钢；（d）槽钢

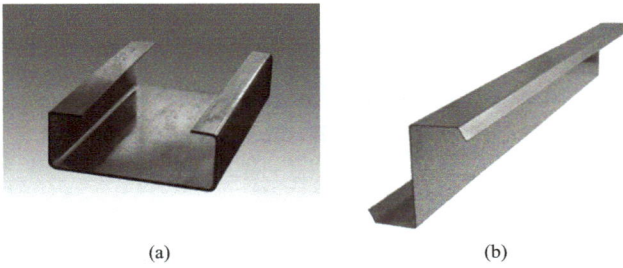

图 2-11　檩条、墙梁常见截面形式

（a）C 型钢；（b）Z 型钢

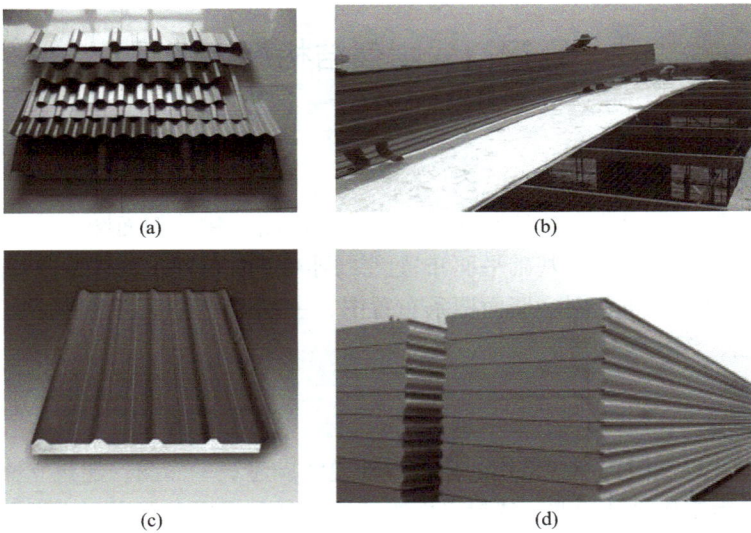

图 2-12　屋面、墙面常见板型

（a）单层压型钢板；（b）压型钢板加保温棉；（c）EPS 夹芯板；（d）聚氨酯板

5. 辅助结构构件的材料

辅助结构构件常采用的截面形式主要有角钢、工字钢、槽钢、方管、C 型钢和 Z 型钢等（图 2-13）。材质主要有 Q235 和 Q355，材料具体性能详见《碳素结构钢》GB/T—2006 和《低合金高强度结构钢》GB/T 1591—2018。

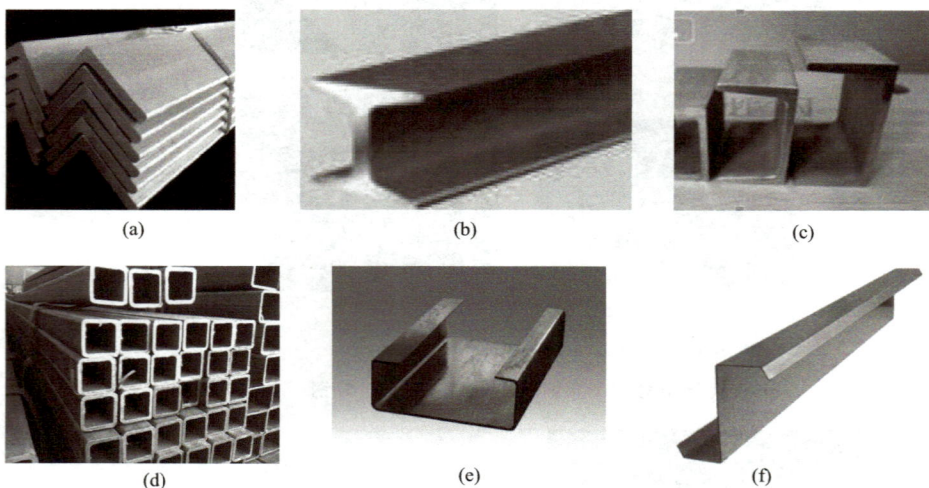

图 2-13　辅助结构构件常见的截面形式
（a）角钢；（b）工字钢；（c）槽钢；（d）方管；（e）C 型钢；（f）Z 型钢

2.2　轻钢门式
刚架结构材料

项目拓展

1. 现场实地参观轻钢门式刚架结构建筑，对轻钢门式刚架结构的组成进一步巩固。
2. 查找资料，对各种截面形式的钢材规格及材质进一步熟悉。
3. 绘制本项目学习内容的思维导图。

2.2　轻钢门式刚架结构施工图识读

学习目标

熟练识读建筑设计说明、建筑平面图、建筑立面图、建筑剖面图、建筑详图、钢结构设计说明、锚栓平面布置图、基础平面布置图、刚架平面布置图、屋面支撑布置图、柱间支撑布置图、屋面檩条布置图、墙面檩条布置图、主刚架图和节点详图、屋面板和墙面板布置图及连接图、深化详图等。

能力目标

具备熟练识读轻钢门式刚架结构的建筑设计说明、建筑平面图、建筑立面图、建筑剖面图、建筑详图、钢结构设计说明、锚栓平面布置图、基础平面布置图、刚架平面布置图、屋面支撑布置图、柱间支撑布置图、屋面檩条布置图、墙面檩条布置图、主体结构连接图、支撑系统连接图、吊车梁系统连接图、围护系统连接图、深化详图等相关施工图的能力。

2.2.1　轻钢门式刚架结构施工图识读

轻钢门式刚架结构施工图识读顺序为先建筑图，后结构图；先布置平面图，后构件图及连接详图。

由教师选取门式刚架结构的典型工程图纸（包括设计图与深化图）供学生进行识图实际训练，门式刚架结构图纸识读除读懂建筑图、结构布置图、连接节点图、深化设计布置图、构件图、零件图外，施工安装人员还应读懂结构整体受力及变形特点以确定安装方式和工序（图 2-14）。

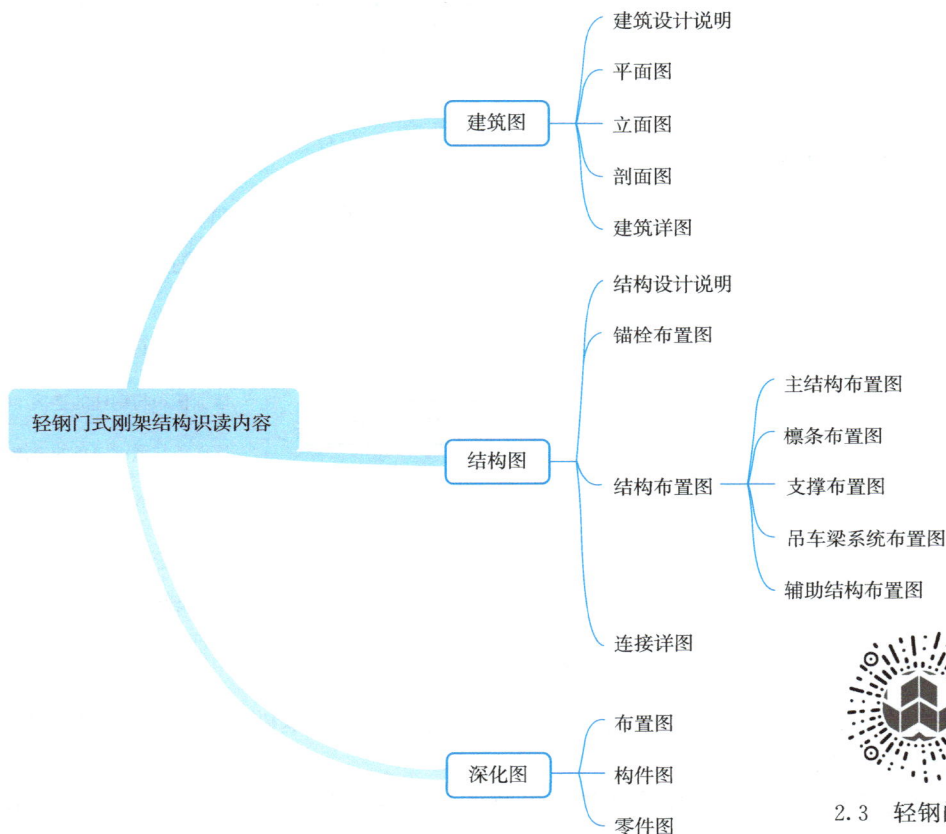

图 2-14　轻钢门式刚架结构识图内容导图

2.3　轻钢门式刚架的施工图识读

2.2.2　轻钢门式刚架结构的连接

轻钢门式刚架结构的连接包括主体结构的连接、支撑系统的连接、吊车梁系统的连接、围护系统的连接、辅助结构的连接等（图 2-15）。

1. 主体结构的连接

主体结构连接主要包括柱脚连接、梁柱连接、梁梁连接等。

（1）柱脚连接

根据受力情况分，柱脚连接形式分为铰接连接形式和刚接连接形式。无论是铰接连接柱脚还是刚接连接柱脚，当柱脚底部的剪力与轴力之比大于 0.4 时，柱脚底部要设抗剪

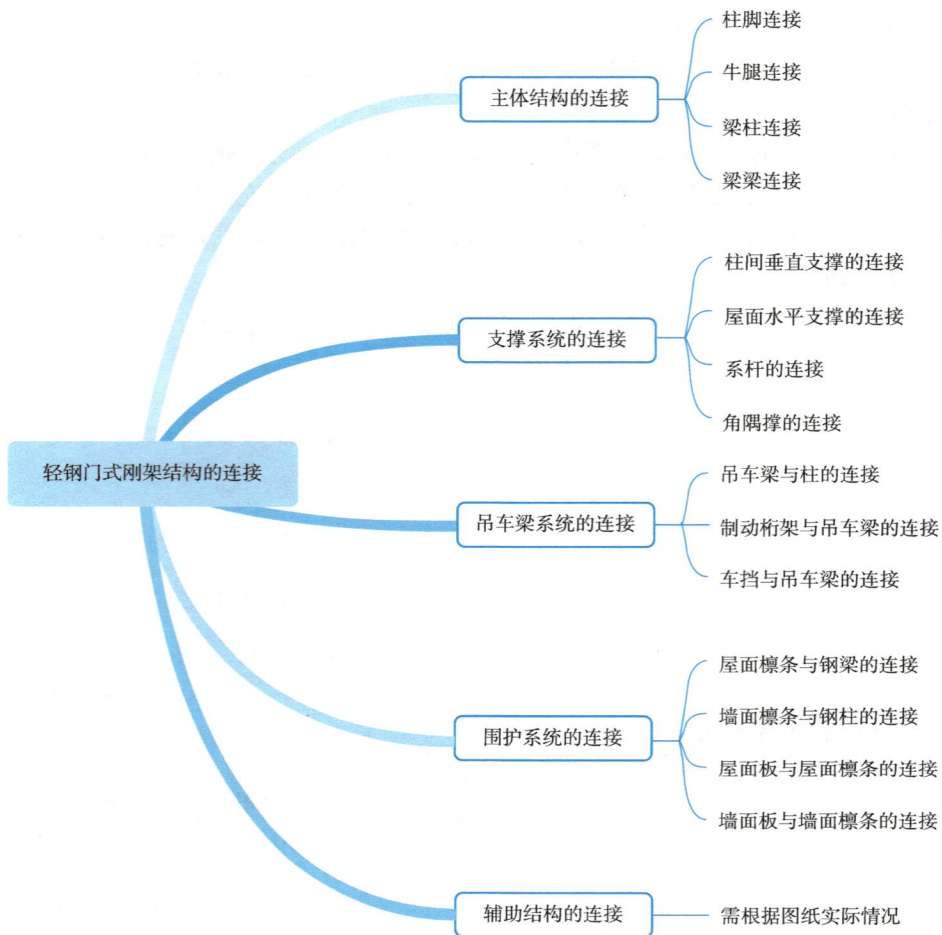

图 2-15　轻钢门式刚架结构连接导图

键。当柱脚底板比较大的时候，为了使柱脚底板与混凝土基础之间的后浇层能被振捣密实，底板设预留透气孔。

柱脚连接节点主要包括铰接柱脚连接节点、刚接柱脚连接节点、抗剪键连接节点等，如图 2-16 所示。

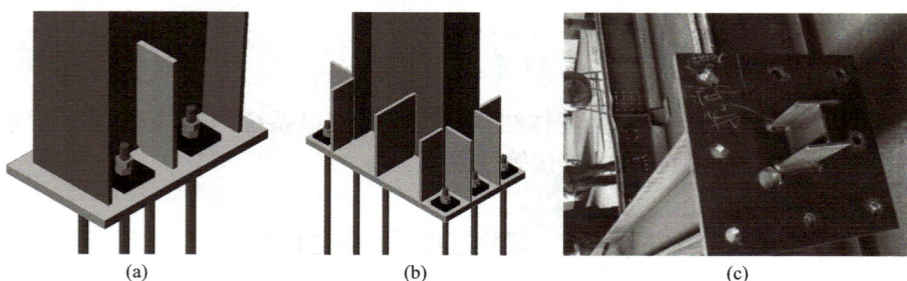

(a)　　　　　　　　　　(b)　　　　　　　　　　(c)

图 2-16　柱脚节点

（a）铰接柱脚连接节点；（b）刚接柱脚节点；（c）抗剪键连接节点

（2）梁柱连接

梁柱连接节点主要包括梁与边柱连接节点、梁与中柱连接节点 、披跨梁与柱连接节点 、梁与抗风柱连接节点等，如图 2-17 所示。

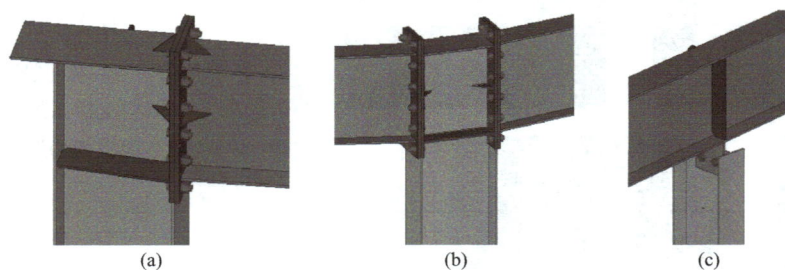

2.4　轻钢门式刚架主体结构的连接与构造

图 2-17　梁柱连接节点

（a）梁与边柱连接节点；（b）梁与中柱连接节点；（c）梁与抗风柱连接节点

（3）梁梁连接

梁梁连接节点主要包括屋脊处梁与梁的拼接节点及斜梁与斜梁的拼接节点等，如图 2-18 所示。

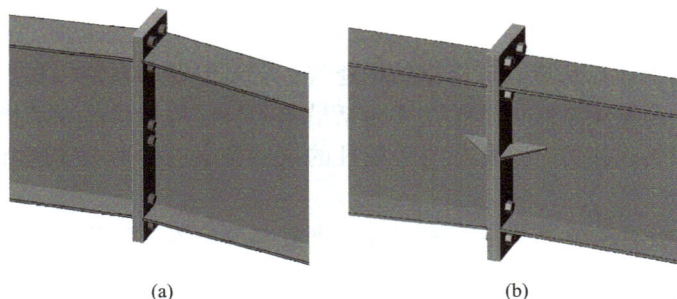

图 2-18　梁梁连接节点

（a）梁梁连接节点（屋脊）；（b）梁梁连接节点（斜梁拼接）

2. 支撑系统的连接

支撑系统的连接主要包括柱间垂直支撑的连接、屋面水平支撑的连接、系杆的连接、角隅撑的连接等，如图 2-19 所示。

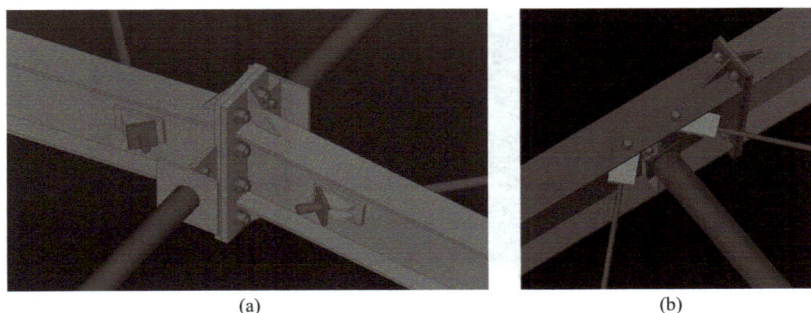

图 2-19　支撑系统连接（一）

（a）圆钢支撑及圆管系杆与梁的连接节点一；（b）圆钢支撑及圆管系杆与梁的连接节点二；

(c)　　　　　　　　　　　　　(d)

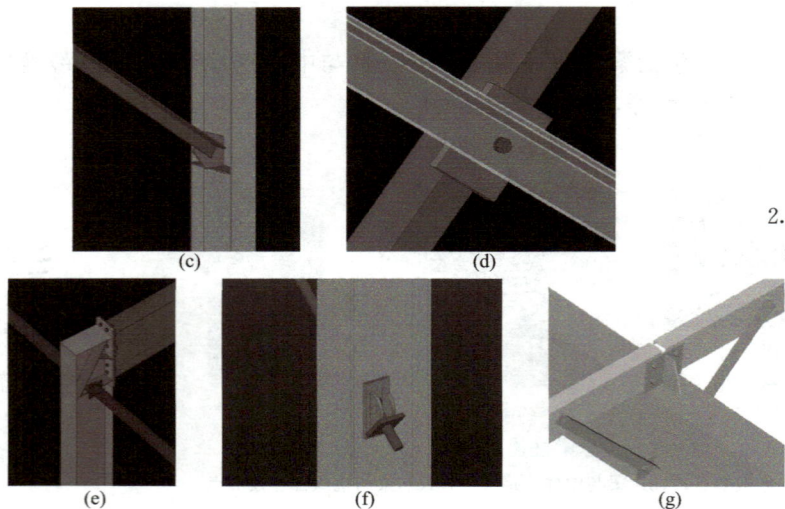

2.5　轻钢门式刚架
结构支撑系统的
连接与构造

(e)　　　　　　　　(f)　　　　　　　　(g)

图 2-19　支撑系统连接（二）

（c）柱间角钢支撑与柱连接节点；（d）角钢支撑交叉节点；（e）圆管系杆与柱连接节点；

（f）柱间圆钢支撑与柱连接节点；（g）角隅撑与梁及檩条的连接节点

3. 吊车梁系统的连接

对于有吊车的工业厂房或仓库等钢结构建筑，需要设置搭在柱牛腿上的吊车梁，以满足吊车使用需求。吊车梁系统的连接主要包括吊车梁与柱的连接、制动桁架与吊车梁的连接、车挡与吊车梁的连接等，吊车梁与牛腿柱的连接支座包括平板支座和凸缘支座两种形式，如图 2-20 所示。

为了起到缓冲作用，在车挡容易被吊车撞到的部分设置橡胶垫。

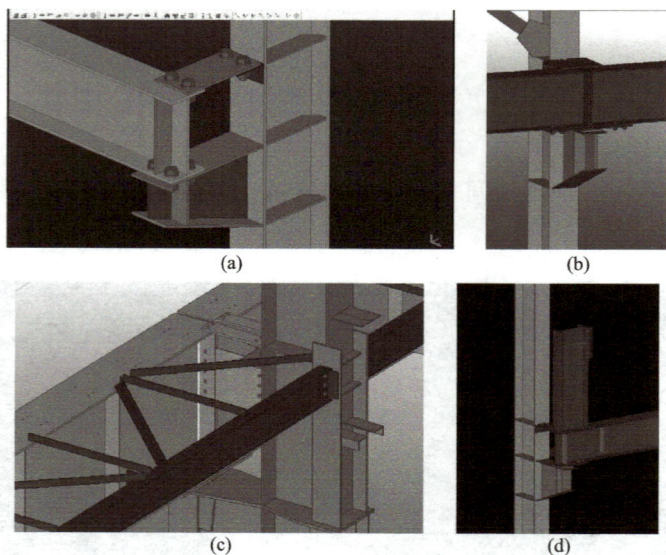

(a)　　　　　　　　　　　　　(b)

(c)　　　　　　　　　　　　　(d)

图 2-20　吊车梁系统的连接

（a）吊车梁与柱的连接节点一；（b）吊车梁与柱的连接节点二；

（c）制动桁架与吊车梁的连接节点；（d）制车挡与吊车梁的连接节点

4. 围护系统的连接

围护系统的连接主要包括屋面檩条与钢梁的连接、墙面檩条与钢柱的连接、屋面板与屋面檩条的连接、墙面板与墙面檩条的连接等，如图 2-21 所示。

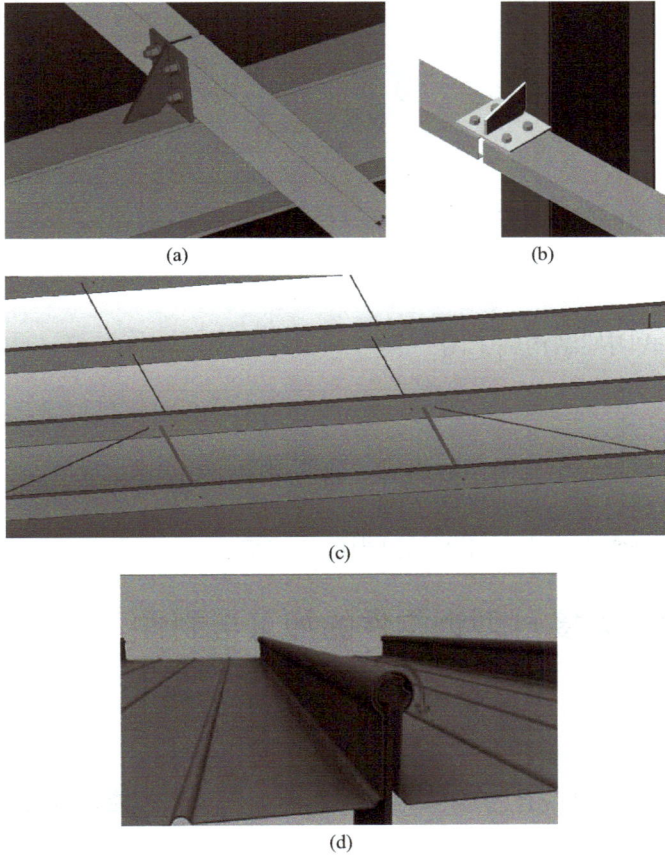

(a)

(b)

(c)

(d)

2.6　轻钢门式刚架结构吊车梁系统的连接与构造

(e)

2.7　轻钢门式刚架结构围护系统的连接与构造

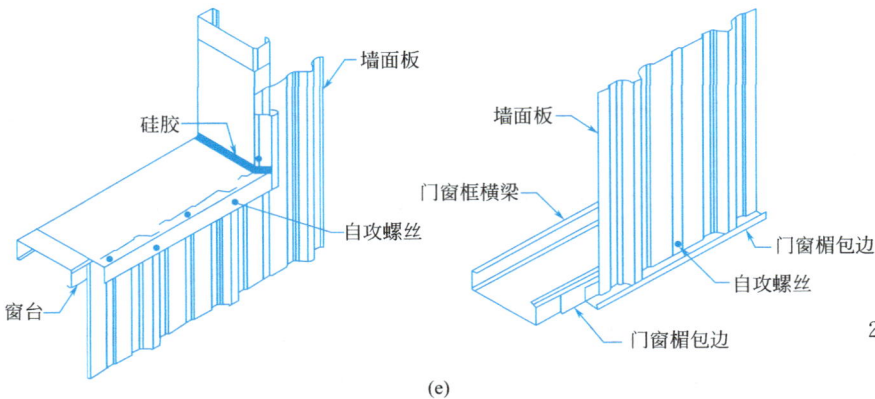

图 2-21　围护系统的连接

（a）屋面檩条连接节点；（b）墙面檩条连接节点；（c）拉条与檩条的连接节点；

（d）屋面板连接节点；（e）墙面板连接节点

项目拓展

1. 现场实地参观轻钢门式刚架结构建筑，对轻钢门式刚架结构的连接进一步熟悉。
2. 借助互联网了解更多轻钢门式刚架结构实际工程案例。

项目巩固

绘制本项目学习内容的思维导图。

实训课题

轻钢门式刚架结构的图纸识读训练。

实训目的

能够熟练识读轻钢门式刚架结构施工图。

实训程序

1. 老师讲解看图的要领，介绍施工图的组成，强调识图注意事项。
2. 到类似工程工地参观后进一步识读施工图。
3. 每组每位学生写一份实训报告，并以小组为单位汇报。

2.3 焊接 H 型钢构件的加工与制作

学习目标

掌握轻钢门式刚架结构主结构构件的加工制作流程与加工工艺；能编制轻钢门式刚架结构主构件的加工制作方案。

能力目标

具备轻钢门式刚架结构主结构构件的加工制作能力和编制轻钢门式刚架结构主构件的加工制作方案的能力。

轻钢门式刚架主结构构件一般采用焊接 H 型钢和热轧 H 型钢，焊接 H 型钢的生产流程如图 2-22 所示。

1. **放样和号料**

放样是根据施工详图，以 1∶1 的比例在样板台上弹出实样，求取实长，根据实长制成样板（样杆）。放样应采用经过计量检定的钢尺，并将标定的偏差值计入量测尺寸。尺寸划法应测量全长后分尺寸，不得分段丈量相加，避免偏差积累。放样和样板（样杆）是号料的基础。

放样是钢结构制作工艺中的第一道工序，只有放样尺寸准确，才能避免以后各道加工工序的累计误差，才能保证整个工程的质量。

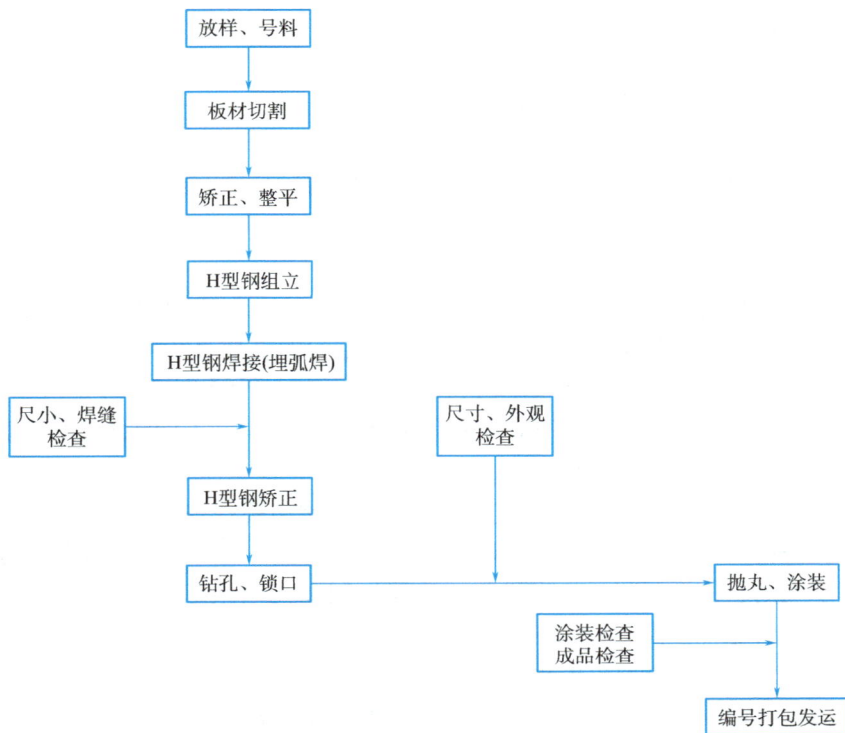

图 2-22　焊接 H 型钢的生产流程

放样的内容包括：核对图纸的安装尺寸和孔距；以 1∶1 的大样放出节点；核对各部分的尺寸；制作样板和样杆作为下料、弯制、铣、刨、制孔等加工的依据。放样时以 1∶1 的比例在放样台上利用几何作图方法弹出大样，如图 2-23 所示。

号料的工作内容包括：检查核对材料；在材料上划出切割、铣、刨、弯曲、钻孔等加工位置；打冲孔；标出零件编号等。

核对钢材规格、材质、批号，并应清除钢板表面油污、泥土等脏物。号料方法

图 2-23　放样

有集中号料法、套料法、统计计算法、余料统一号料法 4 种。

若表面质量满足不了要求时，钢材应进行矫正。钢材和零件的矫正应采用平板机或型材矫直机进行，较厚钢板也可用压力机或火焰加热进行，逐渐取消用手工锤击的矫正法。碳素结构钢在环境温度低于−16℃，低合金结构钢在低于−12℃时，不应进行冷矫正和冷弯曲。

矫正后的钢材表面，不应有明显的凹面和损伤，表面划痕深度不得大于 0.5mm，且不应大于该钢材厚度负允许偏差的 1/2。

放样号料应注意的问题：

（1）放样时，铣、刨的工作要考虑加工余量，焊接构件要按工艺要求放出焊接收缩量，高层钢结构的框架柱尚应预留弹性压缩量。

（2）号料时要根据切割方法留出适当的切割余量。

（3）如果图纸要求桁架起拱，放样时上、下弦应同时起拱，起拱后垂直杆的方向仍然垂直于水平线，而不与下弧杆垂直。

2. 切割

钢材的切割包括气割、等离子切割类高温热源的方法，也有使用剪切、切削、摩擦热等机械力的方法。要考虑切割能力、切割精度、切剖面的质量及经济性。

板材下料切割的方法有：机械切割法、气割法、等离子切割法等。

在钢结构制造厂中，一般情况下，钢板厚度在12～16mm以下的直线形切割，采用剪切下料。常用的剪切机械有剪板机。

气割多用于带曲线的零件和厚钢板的切割。气割能切割各种厚度的钢材，设备灵活、费用经济、切割精度较高，是目前使用最广泛的切割方法。气割按切割设备可分为：手工气割、半自动气割、仿形气割、多头气割、数控气割和光电跟踪气割。焊接H型钢生产线的下料设备一般配备数控多头切割机或直条多头切割机，此类切割设备是高效率的板条切割设备，纵向割矩可根据要求配置，可一次同时加工多块板条。

各类型钢以及钢管等的下料通常采用锯割。常用的锯割机械有：弓形锯、带锯、圆盘锯、摩擦锯和砂轮锯等。

等离子切割主要用于熔点较高的不锈钢材料及有色金属的切割。

（1）气割

气割是利用气体火焰的热能将工件切割处预热到一定温度后，喷出高速切割氧气流，使其燃烧并放出热量实现切割的方法，它与气焊是本质不同的过程，气焊是熔化金属，而气割是金属在纯氧中燃烧，如图2-24所示。

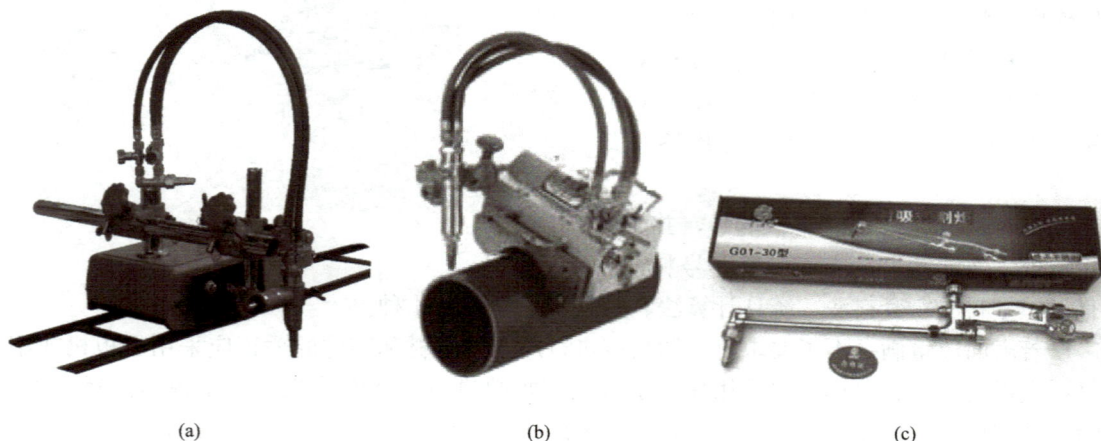

(a)　　　　　　　　　　　(b)　　　　　　　　　　　(c)

图 2-24　气割设备

（a）半自动气割；（b）手动钢管气割机；（c）手工气割割枪

（2）数控等离子切割机

等离子切割具有切割领域宽，可切割所有金属板材，切割速度快、效率高、切割速度可达 10m/min 以上。等离子在水下切割能消除切割时产生的噪声、粉尘、有害气体和弧光的污染，有效地改善工作场合的环境。采用精细等离子切割，已使切割质量接近激光切割水平，目前随着大功率等离子切割技术的成熟，切割厚度已超过 100mm，拓宽了数控等离子切割机切割范围。

数控激光切割机，具有切割速度快、精度高等特点，激光切割机价格昂贵、切割费用高，目前只适合于薄板切割以及精度要求高的场合，如图 2-25 所示。

（3）带锯机床

带锯机床适用于切断型钢及型钢构件，其切割效率高、精度高。如图 2-26 所示。

图 2-25　数控等离子切割机

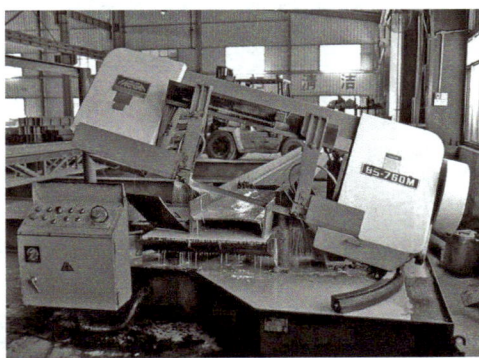

图 2-26　带锯机床

（4）数控火焰切割机

数控火焰切割机，具有切割大厚度碳钢能力，切割费用较低，但存在切割变形大、切割精度不高，而且切割速度较低，切割预热时间、穿孔时间长，较难适应全自动化操作的需要。它的应用场合主要限于碳钢、大厚度板材切割，在中、薄碳钢板材切割上将逐渐会被等离子切割代替。如图 2-27 所示。

（5）砂轮锯

砂轮锯适用于切割薄壁型钢及小型钢管，其切口光滑、生刺较薄易清除，但噪声大、粉尘多。如图 2-28 所示。

图 2-27　数控火焰切割机

图 2-28　砂轮锯

图 2-29　无齿锯

（6）无齿锯

无齿锯是依靠高速摩擦而使工件熔化，形成切口，适用于精度要求低的构件。其切割速度快，噪声大。如图 2-29 所示。

（7）剪板机、型钢冲剪机

剪板机、型钢冲剪机适用于薄钢板、压型钢板切割等，其具有切割速度快、切口整齐、效率高等特点。如图 2-30 所示。

3. 板材矫平

钢板、钢带原材需进行平整度校正，板材矫平如图 2-31 所示。

4. 组立

T 形、H 形等截面和变截面结构钢的组装点焊，由主机、输入辊道、输出辊道、液压系统及电气控制系统组成，连续完成对构件的送进、定位夹紧、点固焊、出料等动作。工件放在输入辊道上，通过电机、减速器、链轮、链条驱动传动机构，通过液压缸驱动连杆机构，实现翼板、腹板初步的组装定位。

（a）　　　　　　　　　　　　　　　　　（b）

图 2-30　剪板机、型钢冲剪机

（a）剪板机；（b）型钢冲剪机

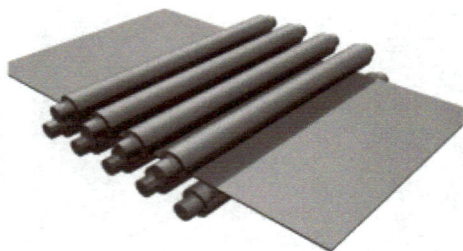

图 2-31　板材矫平

工件进入主机后，通过翼板、腹板液压缸驱动压辊压紧工件，使腹板与翼板紧密贴合，焊枪送进机构由气缸带进焊接位置，两台点焊机开始点焊。上压梁采用左右四组导轨副导向，确保压紧时的稳定。这样对同类工件只需一次调整定位，就能达到精确拼装目的。变截面的 H 型钢也可组立拼装。组立焊机如图 2-32 所示。

图 2-32 组立

5. 自动埋弧焊

在 H 型钢的制作过程中，板材切割下料、矫正整平，拼装点焊、焊接及焊后翼缘矫正，按常规工艺是由多台设备来完成的。将以上工序集于一身的 H 型钢生产线具有结构紧凑、占地小、生产效率高等优点。门型自动埋弧焊如图 2-33 所示。

6. H 型钢矫正

H 型钢焊接完成后，需要对翼缘或腹板进行矫正，H 型钢翼缘矫正机是用于焊接成型的 H 型钢，翼缘板在焊接加热过程中，必然产生弯曲变形。H 型钢翼缘矫正机就是用于矫正焊接 H 型钢翼缘板的专用设备，该机操作简便、速度快、效率高，可广泛应用于冶金建筑、金属结构、水式机械、工业安装等行业，如图 2-34 所示。

图 2-33 门型自动埋弧焊机

图 2-34 H 型钢矫正机

7. 制孔、锁口

钢构件与连接件的连接部位是用高强度螺栓连接。孔径位置、大小、要求精确度较高。

（1）采用钻床钻孔。

（2）钻孔时采用钻模和叠板套钻，制孔应用夹具固定，以防钻模或层板串位。

（3）制孔完毕后应用磨光机彻底清除孔边毛刺，并不得损伤母材。

螺栓孔的允许偏差超过上述规定时，不得采用钢块填塞，可采用与母材材质相匹配的焊条补焊，打磨平整后重新制孔。

近年来数控钻孔的发展更新了传统的钻孔方法，无需在工件上划线、打样冲眼，整个加工过程自动进行，高速数控定位，钻头行程数字控制，钻孔效率高、精度高。如图 2-35 所示。

图 2-35　数控三维钻孔

图 2-36　抛头抛丸机

8. 抛丸

钢结构及 H 型钢表面的清理，通过抛丸清理，去除钢材表面的锈蚀、污物、氧化皮等，使钢材起到强化的作用，提高工件的抗疲劳强度，提高漆膜的附着力，并最终达到提高钢材表面及内在质量的目的。抛头抛丸机如图 2-36 所示。

9. 涂装

涂装的环境温度应符合涂料产品说明书的规定，无规定时，环境温度应在 5～38℃，相对湿度不应大于 85%，构件表面没有结露和油污等，涂装后 4h 内应免受雨淋。

钢构件表面的除锈等级应符合国家标准《涂装前钢材表面处理等级规范》SY/T 0407—2012 的规定，构件表面除锈方法和除锈等级应与设计采用的涂料相适应。

施工图中注明不涂装的部位和安装焊缝处的 30～50mm 范围内，高强度螺栓摩擦连接面不得涂装。涂料、涂装遍数、涂层厚度均应符合设计要求。

构件涂装后，应按设计图纸进行编号，编号的位置应遵循便于堆放、便于安装、便于检查的原则。对于大型或重要的构件还应标注重量、重心、吊装位置和定位标记等记号。编号的汇总资料与运输文件、施工组织设计文件、质检文件等应统一起来，编号可在竣工验收后加以复涂。

10. 标记

钢结构构件包装完毕，要对其进行标记。标记一般由承包商在制作厂成品库装运时标明。

对于国内的钢结构用户，其标记可用标签方式带在构件上，也可用油漆直接写在钢结构产品或包装箱上。对于出口的钢结构产品，必须按海运要求和国际通用标准进行标记。

2.8 焊接 H 型钢加工与制作的操作

标记通常包括下列内容：工程名称、构件编号、外廓尺寸（长、宽、高，以 m 为单位）、净重、毛重、始发地点、到达港口、收货单位、制造厂商、发运日期等，必要时要标明重心和吊点位置。

项目拓展

1. 实地参观钢结构生产车间，对焊接 H 型钢加工设备及工艺进一步熟悉。
2. 借助互联网了解更多焊接 H 型钢加工工艺知识。

项目巩固

绘制本项目的思维导图。

实训课题

编制焊接 H 型钢加工工艺流程。

实训目的

能够熟练编制焊接 H 型钢加工方案，熟悉焊接 H 型钢加工工艺。

实训程序

1. 老师讲解焊接 H 型钢加工流程的要领，强调注意事项。
2. 到钢结构生产车间实地参观。
3. 每组每位学生写一份实训报告，并以小组为单位汇报。

2.4 轻钢门式刚架结构工程的安装及验收

学习目标

学习掌握轻钢门式刚架结构安装和验收的主要方法。

能编制轻钢门式刚架结构施工方案、吊装专项方案，具备轻钢门式刚架结构工程施工质量验收能力并付诸实施。

2.4.1 轻钢门式刚架结构工程施工准备

施工准备主要包括文件资料的准备、场地准备、吊装设备与机具的准备、构件材料的准备、土建部分准备、地脚锚栓的埋设、抗剪键槽的预留等钢结构主体施工前的准备及交底工作。

1. 技术交底

技术交底一般包括：设计图纸交底、施工设计交底和安全技术交底等。

（1）钢结构安装前，应进行图纸自审和会审。

（2）钢结构安装应编制施工组织设计、施工方案或作业设计。

（3）施工前应按施工方案（作业设计）逐级进行技术交底。交底人和被交底人（主要负责人）应在交底记录上签字。

2. 地脚锚栓施工

（1）地脚锚栓的定位（图 2-37）

1）基础施工确定地脚螺栓或预留孔的位置时，应认真按施工图规定的轴线位置尺寸，放出基准线，同时在纵、横轴线（基准线）的两对应端，分别选择适宜位置，埋置铁板或型钢，标定出永久坐标点，以备在安装过程中随时测量参照使用。

2）浇筑混凝土前，应按规定的基准位置支设、固定基础模板及其表面配件。

3）浇筑混凝土时，应经常观察及测量模板的固定支架、预埋件和预留孔的情况。当发现有变形、位移时应立即停止浇灌，进行调整、排除原因。

4）为防止基础及地脚螺栓等的系列尺寸、位置出现位移或偏差过大，基础施工单位与安装单位应在基础施工放线定位时密切配合，共同把关控制各自的尺寸正确。

（2）地脚锚栓的埋设

图 2-37 地脚锚栓的定位

目前钢结构工程柱基地脚锚栓的埋设方法有直埋法和套管法两种。

1）直埋法

直埋法就是用套板控制地脚螺栓相互之间的距离，立固定支架控制地脚螺栓群不变形，在柱基底板绑扎钢筋时埋入，控制位置，同钢筋连成一体，整体浇筑混凝土，一次固定。为防止浇灌时，地脚螺栓的垂直度、底部的尺寸变化，浇灌前应将地脚螺栓找正后加固固定，如图 2-38 所示。

2）套管法

套管法就是先安装套管（内径比地脚螺栓大 2～3 倍），在套管外制作套板，焊接套管并立固定架，并将其埋入浇筑的混凝土中，待柱基底板上的定位轴线和柱中心线检查无误后，再在套管内插入螺栓，使其对准中心线，通过附件或焊接加以固定，最后在套管内注浆锚固螺栓，如图 2-39 所示。

图 2-38　直埋法

图 2-39　套管法

地脚锚栓埋设前注意事项：

① 地脚螺栓的直径、长度，均应按设计规定的尺寸制作；一般地脚螺栓应与钢结构配套出厂，其材质、尺寸、规格，形状和螺纹的加工质量，均应符合设计施工图的规定。

② 样板尺寸放完后，在自检合格的基础上交监理抽检，进行单项验收。

③ 一次埋设或事先预留的孔二次埋设地脚螺栓时，在埋设前，一定要将埋入混凝土中的一段螺杆表面的铁锈、油污清理干净，如清理不净，会使浇灌后的混凝土与螺栓表面结合不牢，易出现缝隙或隔层，不能起到锚固底座的作用。清理的一般做法是用钢丝刷或砂纸去锈；油污一般是用火焰烧烤去除。

④ 地脚螺栓在预留孔内埋设时，其根部底面与孔底的距离不得小于 80mm；地脚螺栓的中心应在预留孔中心位置，螺栓的外表与预留孔壁的距离不得小于 20mm。

⑤ 对于预留孔的地脚螺栓埋设前，应将孔内杂物清理干净，一般做法是用长度较长的钢凿将孔底及孔壁结合薄弱的混凝土颗粒及贴附的杂物全部清除，然后用压缩空气吹净，浇灌前用清水充分湿润，再进行浇灌。

⑥ 为防止浇灌时，地脚螺栓的垂直度及距孔内侧壁、底部的尺寸变化，浇灌前应将地脚螺栓找正后加固固定。

（3）地脚螺栓（锚栓）纠偏

1）经检查测量，如埋设的地脚螺栓有个别的垂直度偏差很小时，应在混凝土养护强度达到 75％及以上时进行调整。调整时可用氧乙炔焰将不直的螺栓在螺杆处加热后采用木质材料垫护，用锤敲移、扶直到正确的垂直位置。

2）对位移或不直度超差过大的地脚螺栓，可在其周围用钢凿将混凝土凿到适宜深度后，用气割割断，按规定的长度、直径尺寸及相同材质材料，加工后采用搭接焊焊上一段，并采取补强的措施，来调整达到规定的位置和垂直度。

3）对位移偏差过大的个别地脚螺栓除采用搭接焊法处理外，在允许的条件下，还可采用扩大底座板孔径侧壁来调整位移的偏差量，调整后用自制的厚板垫圈覆盖，进行焊接补强固定。

4）预留地脚螺栓孔在灌浆埋设前，当螺栓在预留孔内位置偏移超差过大时，可扩大预留孔壁的措施来调整地脚螺栓的准确位置。

图 2-40　地脚螺栓螺纹保护

（4）地脚螺栓螺纹保护（图 2-40）

1）与钢结构配套出厂的地脚螺栓在运输、装箱、拆箱时，均应加强对螺纹的保护。正确保护法是涂油后，用油纸及线麻包装绑扎，以防螺纹锈蚀和损坏；并应单独存放，不宜与其他零部件混装、混放，以免相互撞击损坏螺纹。

2）基础施工埋设固定的地脚螺栓，应在埋设过程中或埋设固定后，用罩式的护箱（盒）加以保护。

3）当螺纹被损坏的长度不超过其有效长度时，可用钢锯将损坏部位锯掉，用什锦钢锉修整螺纹，直到顺利带入螺母为止。

4）当地脚螺栓的螺纹被损坏的长度超过规定的有效长度时，可用气割割掉大于原螺纹段的长度；再用与原螺栓相同的材质、规格的材料，一端加工成螺纹，并在对接的端头截面制成 30°～45°的坡口与下端进行对接焊接后，再用相应直径规格、长度的钢管套入接点处，进行焊接加固补强。经套管补强加固后，会使螺栓直径大于底座板孔径，用气割扩大底座板孔的孔径来解决。

3. 抗剪键槽预留

对于柱脚底板底部设有抗剪键的钢柱，在基础施工时必须预留抗剪键槽（图 2-41）。

4. 基础灌浆和验收

基础和锚栓施工并验收合格后安装钢柱，钢柱安装并调整好位置后先进行二次灌浆，等二次灌注混凝土满足强度要求时进一步安装上部其他构件。

基础及地脚锚栓的允许偏差及验收方法应符合《钢结构工程施工质量验收标准》GB 50205—2020 的规定。

（1）为保证基础二次灌浆的强度，在用垫铁调整或处理标高、垂直度时，应保

图 2-41　抗剪键预留槽

持基础支承面与钢柱底座板下表面之间的距离不小于 50mm，以利于灌浆，并全部填满空隙，如图 2-42 所示。

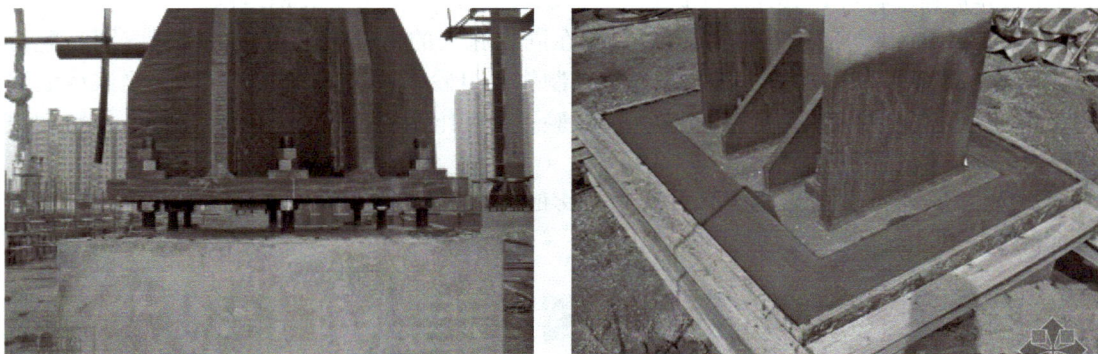

图 2-42　基础二次灌浆

（2）灌浆所用的水泥砂浆应采用高强度等级水泥。灌浆空隙较小的基础，可在柱脚底板上面各开 1 个适宜的大孔和小孔，大孔作灌浆用，小孔作为排除空气和浆液用，在灌浆的同时可用加压法将砂浆填满空隙，并认真捣固，以达到强度，如图 2-43 所示。

图 2-43　柱脚底板透气孔

（3）对于长度或宽度在 1m 以上的大型柱底座板灌浆时，应在底座板上开一孔，用漏斗放于孔内，并采用压力将砂浆灌入，再用 1～2 个细钢管，其管壁钻若干小孔，按纵横方向平行放入基础砂浆内解决浆液和空气的排出。待浆液、空气排出后，抽除钢管并再加灌一些砂浆来填满钢管遗留的空隙。在养护强度达到后，将座板开孔处用钢板覆盖并焊接封堵。

（4）基础灌浆工作完成后，应将支承面四周边缘用工具抹成 45°散水坡，并认真湿润养护。

（5）如果在北方冬期或较低温环境下施工时，应采取防冻或加温等保护措施。

（6）如果钢柱的制作质量完全符合设计要求时，采用坐浆法将基础支承面一次达到设计安装标高的尺寸；经养护强度达到 75% 及其以上即可就位安装，可省略二次灌浆的系列工序过程，并节约垫铁等材料和消除灌浆存在的质量通病。

（7）坐浆或灌浆后的强度试验：

1）用坐浆或灌浆法处理后的安装基础的强度必须符合设计要求；基础的强度必须达到 7d 的养护强度标准，其强度应达到 75％ 及其以上时，方可安装钢结构；

2）如果设计要求需作强度试验时，应在同批施工的基础上采用同种材料、同一配合比、同一天施工及相同施工方法和条件下，制作 2 组砂浆试块，其中：一组与坐浆或灌浆同条件进行养护，在钢结构吊装前做强度试验；另一组试块进行 28d 标准养护，作龄期强度备查；

3）如同一批坐浆或灌浆的基础数量较多时，为了达到其准确的平均强度值，可适当增加砂浆试块组数。

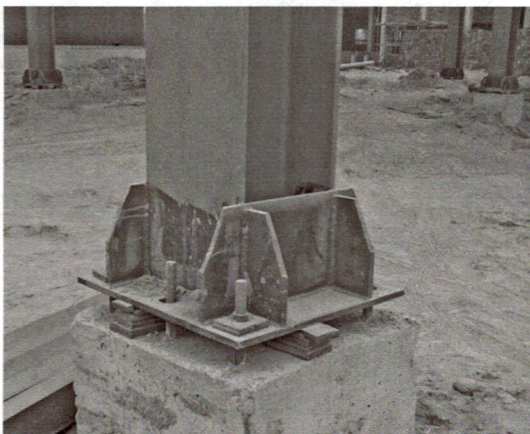

图 2-44　柱脚底板底部垫铁

5. 垫铁垫放

在安装钢柱前，根据设计要求的预留后浇层厚度预先准备垫铁，方便固定钢柱、调整钢柱标高、防止因柱倾斜导致锚栓受拉而产生安全隐患，如图 2-44 所示。

（1）为了使垫铁组平稳地传力给基础，应使垫铁面与基础面紧密贴合。因此，在垫放垫铁前，对不平的基础上表面，需用工具凿平。

（2）垫放垫铁的位置及分布应正确，具体垫法应根据钢柱底座板受力面积大小，应垫在钢柱中心及两侧受力集中部位或靠近地脚螺栓的两侧。垫铁垫放的主要要求是在不影响灌浆的前提下，相邻两垫铁组之间的距离应越近越好，这样能使底座板、垫铁和基础，共同均匀的受力，起到全面承受压力荷载的作用；避免局部偏压、集中受力或底板在地脚螺栓紧固受力时发生变形。

（3）直接承受荷载的垫铁面积，应符合受力需要，否则面积太小，易使基础局部集中过载，影响基础全面均匀受力。

（4）垫铁厚度应根据基础上表面标高来确定。一般基础上表毛面的标高多数低于安装基准标高 50～100mm。安装时依据这个标高尺寸用垫铁来调整确定极限标高和水平度。

（5）垫放垫铁时，应将厚垫铁垫在下面，薄垫铁放在最上面，最薄的垫铁宜垫放在中间；但尽量少用或不用薄垫铁，否则影响受力时的稳定性和焊接（点焊）质量；安装钢柱调整水平度，在确定平垫铁的厚度时，还应同时锻造加工一些斜垫铁，其斜度一般为 1/20～1/10；垫放时应防止产生偏心悬空，斜垫铁应成对使用。

（6）垫铁在垫放前，应将其表面的铁锈、油污和加工的毛刺清理干净，以备灌浆时能与混凝土牢固地结合；垫后的垫铁组露出底座板边缘外侧的长度约 10～20mm，并在层间两侧用电焊点焊牢固。

（7）垫铁垫的高度应合理，过高会影响受力的稳定；过低则影响灌浆的填充饱满，甚至使灌浆无法进行。

2.4.2 轻钢门式刚架结构工程的安装

1. 轻钢门式钢架结构工程安装方法

轻钢门式钢架结构工程安装方法有分件安装法、节间安装法和综合安装法（图 2-45）。分件安装法、节间安装法和综合安装法各有优缺点，具体施工时可根据工程具体情况和施工步骤选定。吊装施工前需要进行吊装设备选用、吊点选择、吊装验算和钢丝绳计算等相关计算工作。

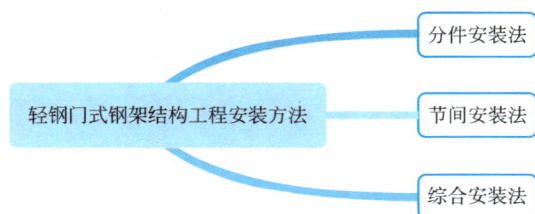

图 2-45 钢结构工程安装方法

2.9 吊装机具和起重设备

（1）分件安装法

分件安装法，是指起重机在厂房内每开行一次仅安装一种或两种构件。如起重机第一次开行中先吊装全部柱子，并进行校正和最后固定。然后依次吊装柱间支撑、吊车梁、屋面梁、屋面支撑、气楼架、屋面檩条、墙梁、屋面板和墙板等构件，直至所有构件吊装完成（图 2-46）。

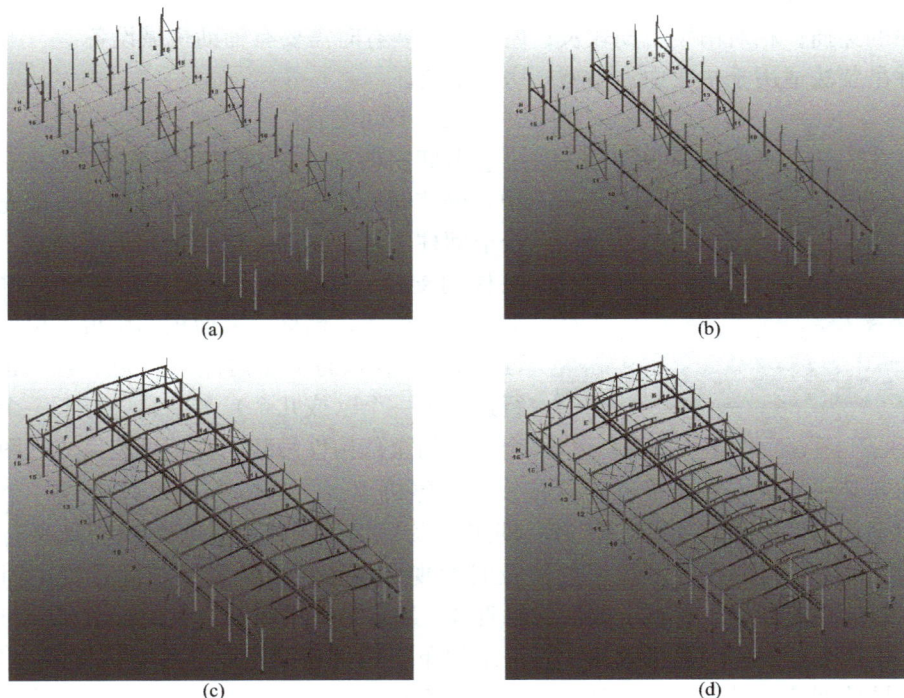

(a) (b)

(c) (d)

图 2-46 分件安装法（一）

（a）第一步：安装钢柱和柱间支撑；（b）第二步：安装吊车梁；
（c）第三步：安装钢梁及屋面支撑和系杆；（d）第四步：安装气楼架

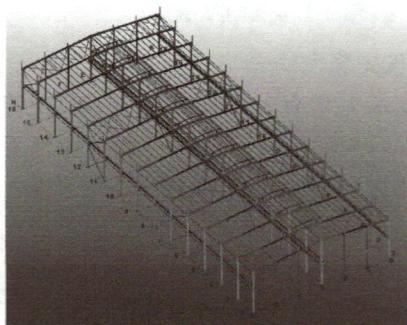

(e)

图 2-46 分件安装法（二）

(e) 第五步：安装檩条、墙梁及角隅撑

最后安装屋面板和墙面板，有时屋面板的吊装也可在屋面上单独用桅杆或屋面小吊车来进行。

分件吊装法的优点是起重机在每次开行中仅吊装一类构件，吊装内容单一，准备工作简单，校正方便，吊装效率高；有充分时间进行校正；构件可分类在现场顺序预制、排放，场外构件可按先后顺序组织供应；构件预制、吊装、运输、排放条件好，易于布置；可选用起重量较小的起重机械，可利用改变起重臂杆长度的方法，分别满足各类构件吊装起重量和起升高度的要求。缺点是起重机开行频繁，机械台班费用增加；起重机开行路线长；起重臂长度改变需一定的时间；不能按节间吊装，不能为后续工程及早提供工作面，阻碍工序的穿插；相对吊装工期较长；屋面板吊装有时需要有辅助机械设备。

分件吊装法适用于一般中、小型厂房的吊装。

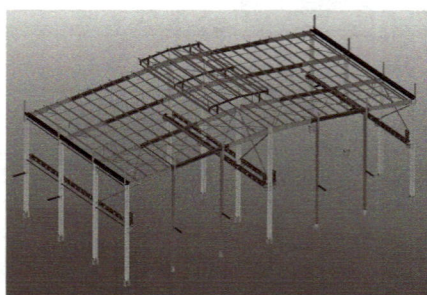

图 2-47 节间安装法

（2）节间安装法

节间安装法，是指起重机在厂房内一次开行中，分节间依次安装所有各类型构件，即先吊装一个节间柱子，并立即加以校正和最后固定，然后吊装柱间支撑、吊车梁、屋面梁、屋面支撑、气楼架、屋面檩条、墙梁、屋面板和墙板等构件。一个（或几个）节间的全部构件吊装完毕后，起重机再行进至下一个（或几个）节间，进行下一个（或几个）节间全部构件吊装，直至吊装完成（图 2-47）。

节间安装法的优点是起重机开行路线短、停机点少，停机一次可以完成一个（或几个）节间全部构件的安装工作，可为后期工程及早提供工作面，可组织交叉平行流水作业，缩短工期；构件制作和吊装误差能及时发现并纠正；吊装完一节间，校正固定一节间，结构整体稳定性好，有利于保证工程质量。缺点是需用起重量大的起重机同时起吊各类构件，不能充分发挥起重机效率，无法组织单一构件连续作业；各类构件需交叉配合，场地构件堆放拥挤，吊具、索具更换频繁，准备工作复杂；校正工作零碎、困难；柱子固定时间较长，难以组织连续作业，使吊装时间延长，降低吊装效率；操作面窄，易发生安全事故。

适用于采用回转式桅杆进行吊装，或特殊要求的结构（如门式框架）或某种原因局部特殊需要（如急需施工地下设施）时采用。

（3）综合安装法

综合安装法，是将全部或一个区段的柱头以下部分的构件用分件吊装法吊装，即柱子吊装完毕并校正固定，再按顺序吊装柱间支撑、吊车梁等构件，接着按节间综合吊装屋面梁、气楼架、屋面支撑系统和屋面板等屋面构件。整个吊装过程可按三次流水进行，根据结构特性有时也可采用两次流水，即先吊装柱子，然后分节间吊装其他构件。吊装时通常采用两台起重机，一台起重量大的起重机用来吊装柱子、吊车梁和屋面系统等，另一台用来吊装柱间支撑、墙梁等构件并承担构件卸车和就位排放工作。

综合安装法综合了分件安装法和节间安装法的优点，能最大限度地发挥起重机的能力和效率，缩短工期，是广泛采用的一种安装方法。

2. 钢柱的安装

（1）基础复测

基础复测内容包括定位轴线的检查、地脚螺栓的检查、基础标高的检查等，如图 2-48 所示。

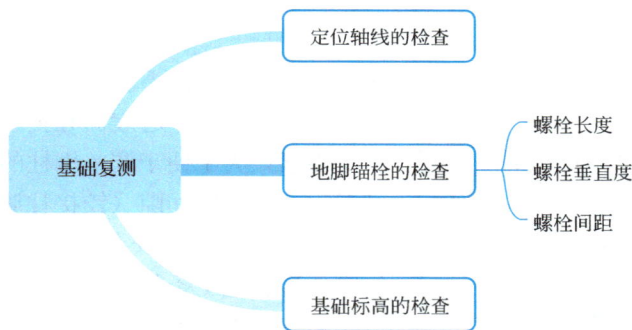

图 2-48　基础复测内容

1）定位轴线检查

检查内容：

① 每根定位线总尺寸误差值是否超过控制数；

② 纵横定位轴线是否垂直、平行。

检查数量和检查方法必须满足《钢结构工程施工质量验收标准》GB 50205—2020 的规定。

问题处理：偏差不严重时，可在柱安装时采用柱底座移位、扩孔等方案解决；偏差大时，须会同有关部门研究，制定修正方案。

2）地脚螺栓检查

地脚螺栓的检查包括螺栓长度的检查和螺栓间距的检查。

① 螺栓长度的检查：

检查内容：螺栓的螺纹长度应保证钢柱安装后螺母拧紧的需要。

检查方法：钢尺现场实测。

事故处理：螺栓或螺纹露出长度过长时，可加钢垫板调整；过短时，需要对螺栓进行接长，不能直接与底板焊接，图 2-49 为错误处理方式。

② 螺栓间距的检查

在吊装钢柱前必须对预埋好的锚栓（图 2-50）间距进行复核，以方便安装钢柱。

图 2-49　锚栓过短错误处理案例

图 2-50　预埋好的锚栓

3）基准标高实测

检查内容：基准标高（是为了保证基础顶面标高符合要求，但非基础顶面标高）。

图 2-51　基准标高调整措施

2.10　装配式钢结构工程安装方法

注：在柱基中心表面和钢柱底面之间，考虑到施工因素，为了便于调整钢柱的安装标高，设计时都考虑有一定的间隙（铰接柱脚 50mm，刚接柱脚 100mm）方便钢柱安装时的标高调整，然后根据柱脚类型和施工条件，在钢柱安装、调整后，采用二次灌筑法将缝隙填实，二次灌筑所用的混凝土采用强度等级比基础混凝土强度等级高一级的细石无收缩混凝土。由于基础未达到设计标高，在安装钢柱时，采用钢垫板或坐浆垫板做支承找平，如图 2-51 所示。

（2）钢柱安装放线

轻钢门式刚架柱安装时的标高控制在无桥式吊车时以柱顶为控制点，有桥式吊车时以牛腿顶面为控制点。

1）柱子安装前应设置标高观测点和中心线标志（图 2-52）。

2）标高观测点的设置应符合下列规定：

① 标高观测点的设置以牛腿（肩梁）支承面为基准，设在柱的便于观测处。

② 无牛腿（肩梁）柱，应以柱顶端与屋面梁连接的最上一个安装孔中心为基准。

3）中心线标志（图 2-53）的设置应符合下列规定：

① 在柱底板上表面上行线方向设一个中心标志，列线方向两侧各设一个。

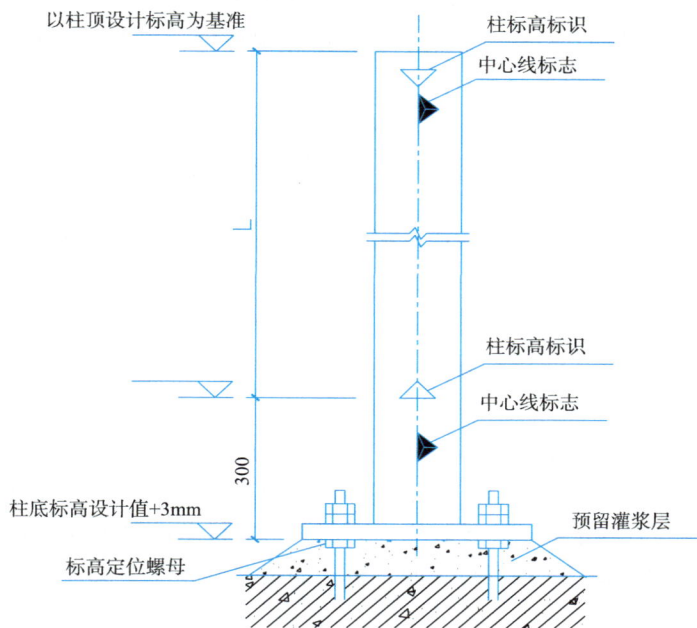

以柱顶设计标高为基准

柱标高标识

中心线标志

柱标高标识

中心线标志

300

柱底标高设计值+3mm

预留灌浆层

标高定位螺母

图 2-52　标高观测点和中心线标志

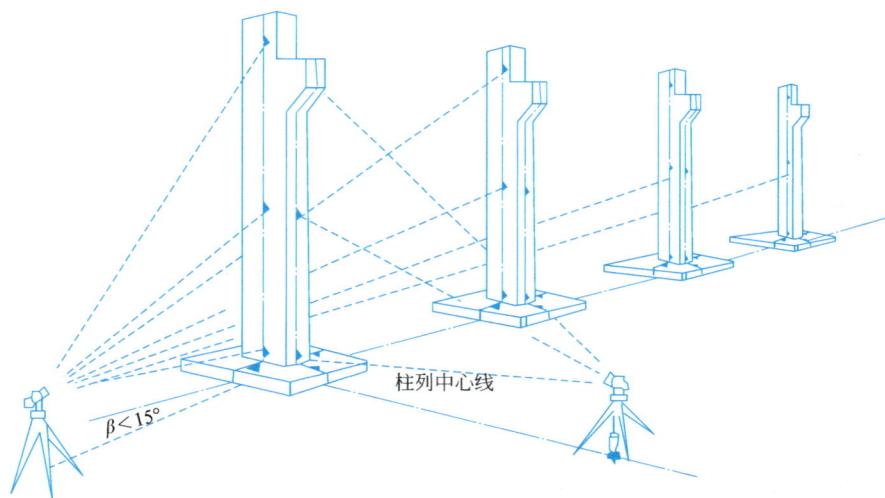

柱列中心线

β<15°

图 2-53　中心线位置测量

②　在柱身表面上行线和列线方向各设一个中心线，每条中心线在柱底部、中部（牛腿或肩梁部）和顶部各设一处中心标志；

③　双牛腿（肩梁）柱在行线方向两个柱身表面分别设中心标志。

④　吊装前的准备工作就绪后，首先进行试吊，吊起柱下端距离基础面高度为 500mm 时应停吊，检查索具牢固和吊车稳定位于安装基础时，可指挥吊车缓慢下降，当柱底距离基础位置 200mm 时，调整柱底与基础两基准线达到准确位置，指挥吊车下降就位，并拧紧全部基础螺栓螺母，临时将柱子加固，达到安全方可摘除吊钩。

⑤ 对长细比较大的柱子，吊装后应增加临时固定措施。

⑥ 柱间支撑的安装应在柱子找正后进行，应在保证柱垂直度的情况下安装柱间支撑，支撑不得弯曲。

⑦ 柱子安装的允许偏差应符合《钢结构工程施工质量验收标准》GB 50205—2020 的规定。吊车梁固定连接后，柱子尚应进行复测，超差的应进行调整。

（3）钢柱的绑扎

钢柱的绑扎方法、绑扎位置和绑扎点数，应根据柱的形状、长度、截面、起吊方法和起重机性能等确定。常用的绑扎方法有一点绑扎和两点绑扎。

（4）钢柱的吊装

钢柱的吊装方法包括旋转法、滑行法和递送法 3 种。

1）旋转法

旋转法是指起重机边起钩边旋转，使柱身绕柱脚旋转而逐渐吊起的方法。其要点是保持柱脚位置不动，并使柱的吊点、柱脚中心和杯口中心三点共线。其特点是柱吊升中所受振动较小，但构件布置要求高、占地较大，对起重机的机动性要求高，要求能同时进行起升与回转两个动作。一般需采用自行式起重机，如图 2-54、图 2-55 所示。

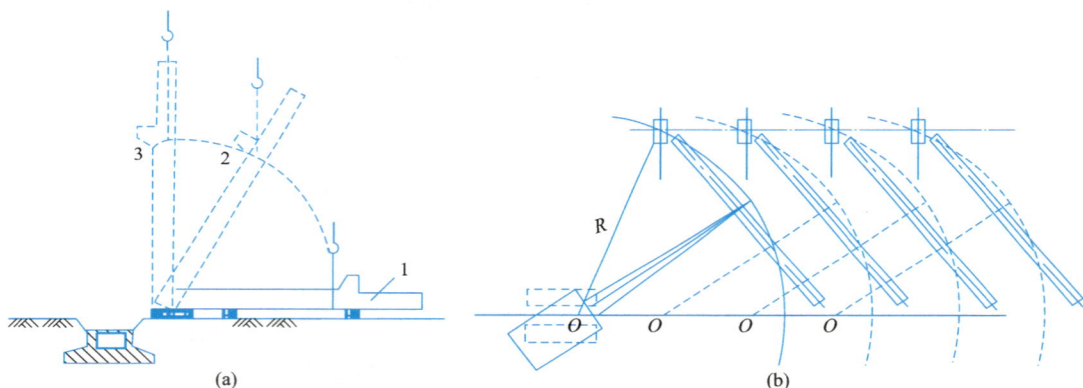

图 2-54　钢柱旋转法吊装示意图

（a）旋转过程；（b）平面布置

1—柱子平卧时；2—起吊中途；3—直立

图 2-55　钢柱旋转法吊装实例

2）滑行法

滑行法是指起吊时起重机不旋转，只起升吊钩，使柱脚在吊钩上升过程中沿着地面逐渐向吊钩位置滑行，直到柱身直立的方法。其要点是柱的吊点要布置在基础旁，并与基础中心两点共圆弧。其特点是起重机只需起升吊钩即可将柱吊直，然后稍微转动吊杆，即可将柱子吊装就位，构件布置方便、占地小，对起重机性能要求较低，但滑行过程中柱子受振动。故通常在起重机及场地受限时才采用此法，为减少钢柱脚与地面的摩阻力，需在柱脚下铺设滑行道（图2-56、图2-57）。

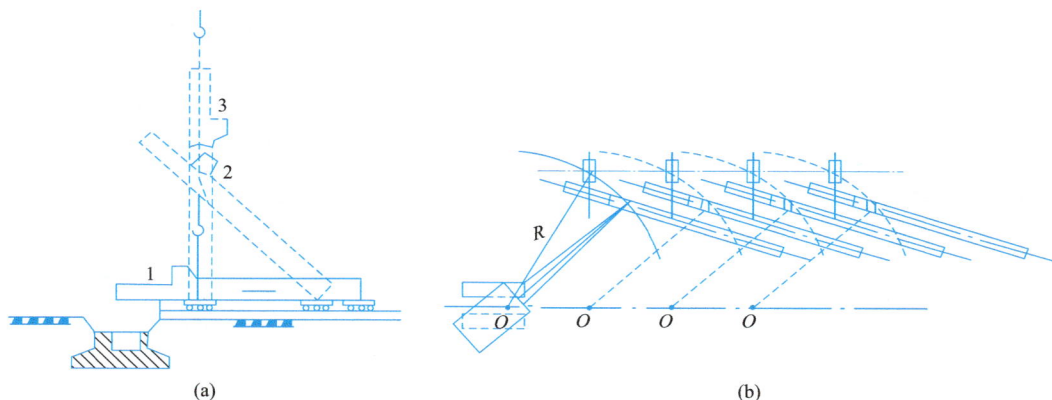

图 2-56 钢柱滑行法吊装示意图
（a）滑行过程；（b）平面布置
1—柱子平卧时；2—起吊中途；3—直立

图 2-57 钢柱滑行法吊装实例

3）递送法

递送法是指双机或三机抬吊，为减少钢柱脚与地面的摩阻力，其中一台为副机，吊点选在钢柱下面，起吊柱时配合主机起钩，随着主机的起吊，副机要行走或回转，在递送过程中，副机承担了一部分荷重，将钢柱脚递送到柱基础上面，副机摘钩，卸去荷载，此刻主机满载，将柱就位（图2-58、图2-59）。

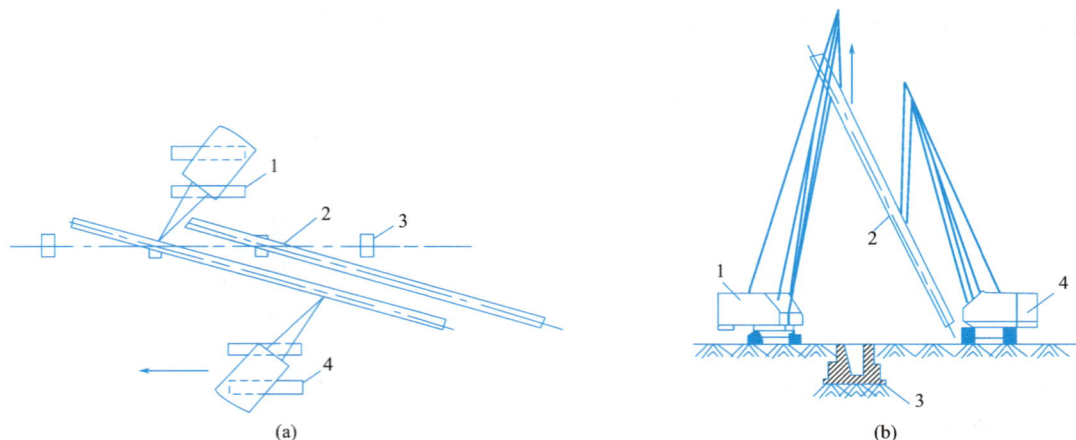

图 2-58　钢柱递送法吊装示意图
（a）平面布置；（b）递送过程
1—主机；2—柱子；3—基础；4—副机

图 2-59　钢柱递送法吊装实例

3. 钢梁的安装

（1）钢梁的绑扎

钢梁的绑扎点应左右对称，并高于钢梁重心，使钢梁起吊后基本保持水平、不晃动、不倾翻。在钢梁两端应加绳，以控制钢梁转动。一般来说，钢梁跨度小于或等于 27m 时绑扎 2 点；当跨度大于 27m 时需绑扎 4 点，并考虑采用横吊梁以减小绑扎高度。

绑扎时吊索与水平线的夹角不宜小于 45°，以免钢梁承受过大的横向压力。当夹角小于 45°时，为了减少钢梁的起吊高度及所受的横向力，可采用横吊梁。横吊梁的选用应经过计算确定，以确保施工安全。

常用的横吊梁有滑轮横吊梁、钢板横吊梁、型钢横吊梁等（图 2-60）。

（2）钢梁的吊升

钢梁吊升是先将钢梁吊离地面约 300mm，并将钢梁转运至吊装位置下方，然后再起

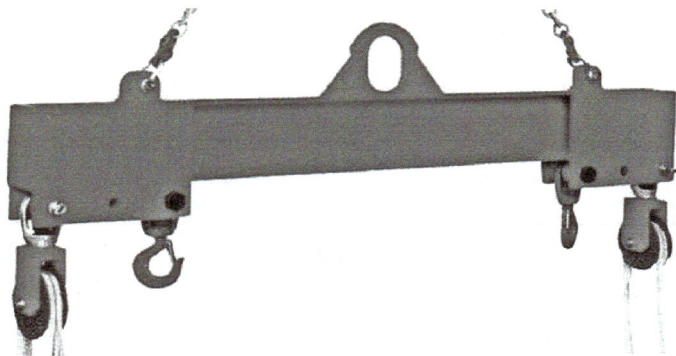

图 2-60　横吊梁

钩，将钢梁提升到超过安装位置 100mm，最后利用钢梁端头的溜绳，将钢梁调整对准柱头，并缓缓降至安装点，用撬棍配合进行对位（图 2-61）。

（3）钢梁的安装

钢梁的安装应在柱子矫正符合规定后进行，应根据场地和起重设备条件，最大限度地将扩大拼装工作在地面完成；刚架斜梁组装，应先用临时螺栓和冲订固定，经检查达到允许偏差后，方可进行节点的永久连接。

图 2-61　钢梁的吊升

采用分件安装法、节间安装法或综合安装法进行刚架梁的吊装并进行高强度螺栓连接，即可完成门式刚架斜梁的安装，门式刚架斜梁的安装的重点是高强度螺栓连接施工。

扭剪型高强度螺栓连接副每套包括一个螺栓、一个螺母、一个垫圈；高强度大六角头螺栓连接副每套包括一个螺栓、一个螺母、两个垫圈（图 2-62）。

(a)

(b)

图 2-62　高强度螺栓连接副

（a）扭剪型高强度螺栓连接副；（b）高强度大六角头螺栓连接副

高强度螺栓施工最主要的施工机具就是高强度螺栓电动扳手及手动工具。高强度螺栓施工机具见表 2-1。

高强度螺栓施工机具 表 2-1

电动工具		
名称	扭矩型电动高强度螺栓扳手	扭剪型电动高强度螺栓扳手	角磨机
图例			
用途	(1)用于高强度螺栓初拧；(2)用于因构造原因扭剪型电动扳手无法终拧节点	用于高强度螺栓终拧	用于清除摩擦面上浮锈、油污等
名称	钢丝刷	普通扳手	棘轮扳手
图例			
用途	用于清除摩擦面上浮锈、油污等	用于普通螺栓及安装螺栓初、终拧	

1）高强度螺栓安装

结构组装前要对摩擦面进行清理，用钢丝刷清除浮锈，用砂轮机清除影响板层间密贴的孔边、板边毛刺、卷边、切割瘤等。遇有油漆、油污粘染的摩擦面要严格清除后方可吊装。

组装时应用钢钎、冲子等校正孔位，为了接合部钢板间摩擦面贴紧，结合良好，先用临时普通安装螺栓和手动扳手紧固、达到贴紧为止。待结构调整就位以后穿入高强度螺栓，并用带把扳手适当拧紧，再用高强度螺栓逐个取代安装螺栓。

高强度螺栓长度的确定见表 2-2，高强度螺栓安装工艺如图 2-63 所示。

高强度螺栓长度的确定 表 2-2

$$L = \delta + H + nh + c$$

式中　δ—连接构件的总厚度(mm)；
　　　H—螺母高度(mm)，取 $0.8D$（螺栓直径）；
　　　n—垫片个数；
　　　h—垫圈厚度(mm)；
　　　c—螺杆外露部分长度(mm)(2～3 扣为宜，一般取 5mm)；计算后取 5 的整倍数

```
                              ┌─────────────────────┐
                              │   试验确定扭矩系数控制值   │
                              └─────────────────────┘
  ┌──┐   ┌───────────────┐  ┌───────────────┐  ┌───────────────┐
  │施│   │ 高强度螺栓轴力试验合格 │  │  安装扳手校验合格  │  │ 连接面摩擦系数合格 │
  │工│   └───────────────┘  └───────────────┘  └───────────────┘
  │准│
  │备│          ┌─────────────────────────┐
  └──┘          │ 检查构件连接面、清除浮锈、      │
                │ 飞刺及油污                 │
                └─────────────────────────┘

                 ┌─────────────────────────┐
                 │   吊装构件、临时螺栓固定        │
                 └─────────────────────────┘

                 ┌─────────────────────────┐
                 │ 确定可作业条件(天气、安全因素)   │
                 └─────────────────────────┘

                 ┌─────────────────────────┐
                 │ 拆除临时螺栓、安装高强度螺栓     │
                 └─────────────────────────┘

  ┌──────┐       ┌─────────────────────────┐
  │拆除不合 │      │   高强度螺栓初拧            │
  │格螺栓， │      └─────────────────────────┘
  │换新高强 │
  │度螺栓  │       ┌─────────────────────────┐
  └──────┘       │ 24h内终拧高强度螺栓          │
                 └─────────────────────────┘

                      ┌──────────┐
                      │   检验     │
                      └──────────┘
                 否
                      ◇ 合格 ◇
                        │ 是
                 ┌──────────┐
                 │  工序交接   │
                 └──────────┘
```

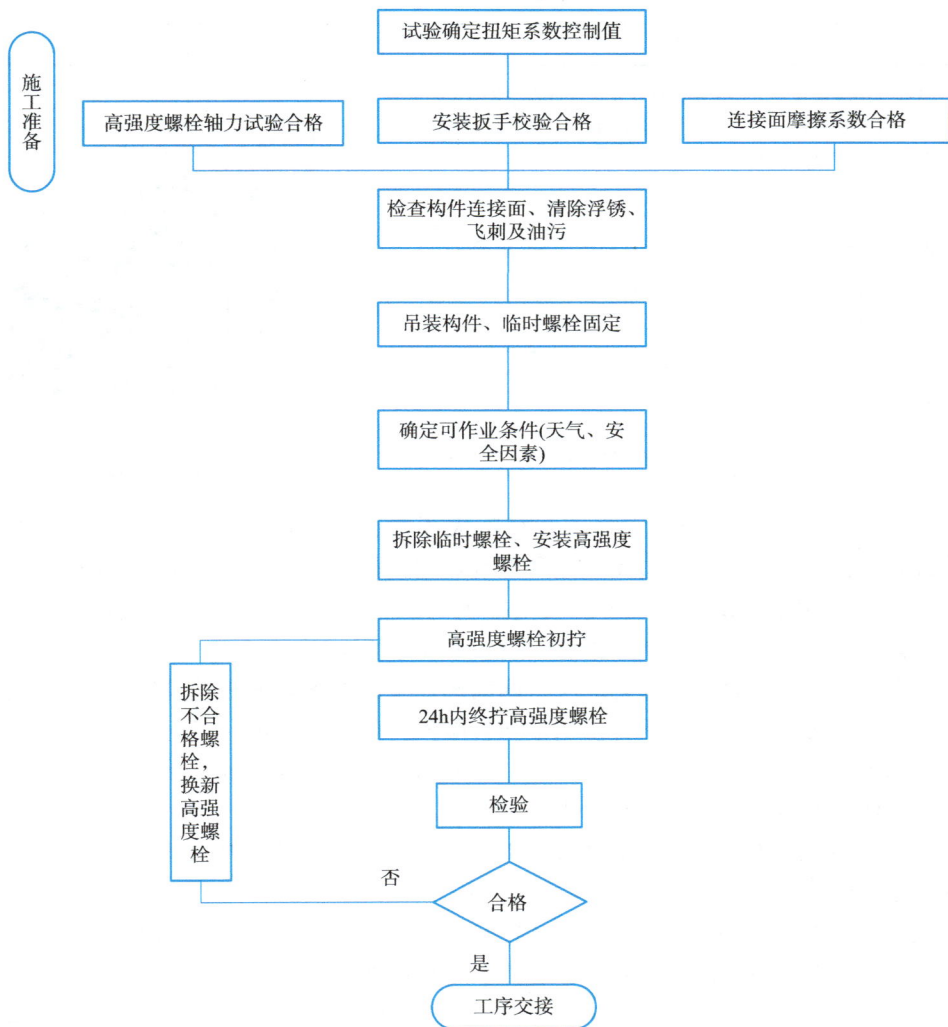

图 2-63　高强度螺栓安装工艺流程

　　每个节点所需用的临时螺栓和冲钉数量，应按安装时可能产生的荷载计算确定。在安装时，要控制以下几点：

　　① 临时螺栓与冲钉之和不应少于该节点螺栓总数的 1/3，临时螺栓的安装见表 2-3。目的是为了防止构件偏移。

　　② 临时螺栓不应少于 2 颗。

　　③ 所用冲钉数不宜多于临时螺栓的 30%。目的是为了加大对板叠的压紧力。

　　④ 连接用的高强度螺栓不得兼作临时螺栓，以防止螺纹损伤和连接副表面状态改变，引起扭矩系数的变化。

　　⑤ 认真处理连接板的紧密贴合，对因板厚偏差或制作误差造成的接触面间隙。

　　2) 安装替换高强度螺栓注意事项

　　① 螺栓穿入方向应便于操作，并力求一致，目的是使整体美观。

临时螺栓安装方法 表 2-3

序号	临时螺栓安装方法	示意图
1	当构件吊装就位后，先用橄榄冲对准孔位（橄榄冲穿入数量不宜多于临时螺栓的 30%），在适当位置插入临时螺栓，然后用扳手拧紧，使连接面结合紧密	
2	临时螺栓安装时，注意不要使杂物进入连接面	
3	螺栓紧固时，遵循从中间开始，对称向周围进行的顺序	
4	临时螺栓的数量不得少于本节点螺栓安装总数的 30% 且不得少于 2 个螺栓	
5	不允许保用高强度螺栓兼作临时螺栓，以防操作螺纹引起扭矩系数的变化	临时螺栓安装
6	一个安装段完成后，经检查确认符合要求方可安装高强度螺栓	

② 高强度螺栓连接中连接钢板的孔径略大于螺栓直径，并必须采取钻孔成型方法，钻孔后的钢板表面应平整、孔边无飞边和毛刺，连接板表面应无焊接溅物、油污等。

③ 螺栓应自由穿入螺栓孔，不能自由穿入的螺栓孔允许在孔径四周层间无间隙后用铰刀，或磨头，或锉刀进行修整，修整后孔的最大直径应小于 1.2 倍螺栓直径。修孔时，为了防止铁屑落入板迭缝中，铰孔前应将四周螺栓全部拧紧，使板迭缝密贴后再进行，铰孔后应重新清理孔周围毛刺，不得将螺栓强行敲入，严禁气割扩孔。

④ 螺接连接副安装时，螺母凹台一侧应与垫圈有倒角的一面接触，大六角头螺栓的第二个垫圈有倒角的一面应朝向螺栓头。

⑤ 安装高强度螺栓时，构件的摩擦面应保持干燥，不得在雨中作业。

3）初拧与终拧

① 高强度螺栓连接副的拧紧应分为初拧、终拧。对于大型节点应分为初拧、复拧、终拧。复拧扭矩等于初拧扭矩。初拧、复拧、终拧应在 24h 内完成。

② 施拧一般应按由螺栓群节点中心位置顺序向外拧紧的方法进行，初拧后应做好标志。

③ 初拧（复拧）与终拧扭矩的取值：

扭剪型高强度螺栓初拧扭矩按下列公式（2-1）和公式（2-2）进行计算：

$$T_0 = 0.065 P_c \cdot d \tag{2-1}$$

$$P_c = P + \Delta P \tag{2-2}$$

式中 T_0——初拧扭矩（N·m）；

P_c——施工预拉力（kN）；

P——高强度螺栓设计预拉力（kN）；

ΔP——高强度螺栓预拉力损失值（kN），宜取设计预拉力的 10%；

d——高强度螺栓螺纹直径（mm）。

扭剪型高强度螺栓终拧应采用扭剪电动扳手将尾部梅花头拧掉。但是，个别部位螺栓无法使用扭剪电动扳子，则按同直径高强度大六角头螺栓所采用的扭矩法施拧。

高强度大六角头螺栓初拧扭矩一般为终拧的 50%～60%。

高强度大六角头螺栓终拧扭矩按下列公式（2-3）和公式（2-4）进行计算：

$$T_c = K \cdot P_c \cdot d \qquad (2\text{-}3)$$

$$P_c = P + \Delta P \qquad (2\text{-}4)$$

式中　T_c——终拧扭矩（N·m）；

　　　K——扭矩系数。

高强度大六角头螺栓施工（标准）预拉力和高强度螺栓设计预拉力见《钢结构高强度螺栓连接技术规程》JGJ 82—2011。

4）大六角头高强度螺栓连接施工

① 扭矩法施工

对大六角头高强度螺栓连接副来说，当扭矩系数 K 确定之后，由于螺栓的轴力（预拉力）P 是由设计规定的，则螺栓应施加的扭矩 M 就可以根据下式很容易地计算确定。根据计算确定的施工扭矩值，使用扭矩扳手（手支、电动、风动）按施工扭矩值进行终拧，这就是扭矩法施工的原理。

2.11　大六角头高强度螺栓扭矩系数检测

扭矩 M 与轴力（预拉力）P 之间的关系式为：

$$M = K \cdot D \cdot P \qquad (2\text{-}5)$$

式中　D——螺栓公称直径，mm；

　　　P——螺栓轴力，kN；

　　　M——施加于螺母上扭矩值，kN·m；

　　　K——扭矩系数。

在确定螺栓的轴力 P 时应考虑螺栓的施工预拉力损失 10%，即螺栓施工预拉力（轴力 $1P$ 按 1.1 倍的设计预拉力取值。

螺栓在储存和使用过程中扭矩系数易发生变化，所以在工地安装前一般都要进行扭矩系数复验，复验合格后根据复验结果确定施工扭矩，并以此安排施工。扭矩系数试验用螺栓、螺母、垫圈试样，应从同批螺栓副中随机抽取，按批量大小一般取 5～10 套，试验状态应与螺栓使用状态相同，试样不允许重复使用。扭矩系数复验应在国家认可的有资质的检测单位进行，试验所用的轴力计和扭矩扳手应经计量认证。

在采用扭矩法终拧前，应首先进行初拧，对螺栓多的大接头，还需进行复拧。初拧的目的是使连接接触面密贴，螺栓"吃上劲"，常用规格螺栓（M20、M22、M24）的初拧扭矩一般为 200～300N·m，螺栓轴力达到 10～50kN 即可，在实际操作中，可以让一个操作工用普通扳手手工拧紧即可。

初拧、复拧及终拧的次序，一般是从中间向两边或四周对称进行。初拧和终拧的螺栓都应做不同的标记，避免漏拧、超拧，同时也便于检查人员检查紧固质量。

② 转角法施工

因扭矩系数的离散性，特别是螺栓制造质量或施工管理不善，扭矩系数大于标准值（平均值和变异系数），在这种情况下采用扭矩法施工，即用扭矩值控制螺栓轴力的方法就会出现较大误差，欠拧或超拧问题突出。为解决这一问题，引入转角法施工，即利用螺母旋转角度以控制螺杆弹性伸长量来控制螺栓轴向力的方法。

试验结果表明，螺栓在初拧以后，螺母的旋转角度与螺栓轴向力成对应关系，当螺栓受拉处于弹性范围内，两者呈线性关系。根据这一线性关系，在确定了螺栓的施工预拉力后，就很容易得到螺母的旋转角度，施工操作人员按照此旋转角度紧固施工，就可以满足设计上对螺栓预拉力的要求，这就是转角法施工的基本原理。

高强度螺栓转角法施工分初拧和终拧两步进行（必要时需增加复拧），初拧的要求比扭矩法施工要严，初拧扭矩与扭矩法相同，对于常用螺栓（M20、M22、M24）定在 200～300N·m 比较合适，原则上应该使连接板缝密贴为准。终拧是在初拧的基础上，再将螺母拧转一定角度，使螺栓轴向力达到施工预拉力。

转角法施工次序：初拧→初拧检查→划线→终拧→终拧检查→作标记。

初拧：采用定扭扳手，从栓群中心顺序向外拧紧螺栓。

初拧检查：一般采用敲击法，即用小锤逐个检查，目的是防止螺栓漏拧。

划线：初拧后对螺栓逐个进行划线。

终拧：用专用扳手使螺母再旋转一定角度，螺栓群紧固的顺序同初拧。

终拧检查：对终拧后的螺栓逐个检查螺母旋转角度是否符合要求，可用量角器检查螺栓与螺母上划线的相对转角。

作标记：对终拧完的螺栓用不同颜色笔作出明显的标记，以防漏拧和超拧，并供质检人员检查。

高强度螺栓安装方法见表 2-4。

高强度螺栓安装方法 表 2-4

序号	高强度螺栓安装方法	示意图
1	待吊装完成一个施工段，钢构形成稳定框架单元后，开始安装高强度螺栓	
2	扭剪型高强度螺栓安装时应注意方向；螺栓的垫圈安在螺母一侧，垫圈孔有倒角的一侧应和螺母接触	
3	螺栓穿入方向以便利施工为准，每个节点应整齐一致。穿入高强度螺栓用扳手紧固后，再卸下临时螺栓，以高强度螺栓替换	
4	高强度螺栓的紧固，必须分两次进行。第一次为初拧；初拧紧固到螺栓标准轴力（即设计预拉力）的 60%～80%。第二次紧固为终拧，终拧时扭剪型高强度螺栓应将梅花卡头拧掉	高强度螺栓安装
5	初拧完毕的螺栓，应做好标记以供确认。为防止漏拧，当天安装的高强度螺栓，当天应终拧完毕	
6	初拧、终拧都应从螺栓群中间向四周对称扩散方式进行紧固	
7	因空间狭窄，高强度螺栓扳手不宜操作部位，可采用加高套管或用手动板手安装	
8	扭剪型高强度螺栓应全部拧掉尾部梅花卡头为终拧结束，不准遗漏	高强度螺栓终拧

5）扭剪型高强度螺栓连接施工

扭剪型高强度螺栓连接副紧固施工相对于大六角头高强度螺栓连接副紧固施工要简便得多，正常情况采用专用的电动扳手进行终拧，梅花头拧掉即标志终拧的结束，对检查人员来说也很直观明了，只要检查梅花卡头是否掉落就可以了。

为了减少接头中螺栓群间相互影响及消除连接板面间的缝隙，紧固要分初拧和终拧两个步骤进行，对于超大型的接头还要进行复拧。扭剪型高强度螺栓连接副的初拧扭矩可适当加大，一般初拧螺栓轴力可以控制在螺栓终拧轴力值的 50%～80%，对常用规格的高强度螺栓（M20、M22、M24）初拧扭矩可以控制在 400～600N·m。若用转角法初拧，初拧转角控制在 45°～75°，一般以 60°为宜。

由于扭剪型高强度螺栓是利用螺尾梅花头切口的扭断力矩来控制紧固扭矩的，所以用专用扳手进行终拧时，螺母一定要处于转动状态，即在螺母转动一定角度后扭断切口，才能起到控制终拧扭矩的作用。否则，由于初拧扭矩达到或超过切口扭断扭矩，或出现其他一些不正常情况，终拧时螺母不再转动切口即被拧断，这样就失去了控制作用，螺栓紧固状态成为未知，便会造成工程安全隐患。

扭剪型高强度螺栓终拧过程如下：

① 先将扳手内套筒套入梅花头上。轻压扳手，再将外套筒套在螺母上。完成本项操作后最好晃动一下扳手，确认内、外套筒均已套好，且调整套筒与连接板面垂直。

② 按下扳手开关，外套筒旋转，直至切口拧断。

③ 切口断裂，扳手开关关闭，将外套筒从螺母上卸下，此时注意拿稳扳手，特别是高空作业时。

2.12　扭剪型高强度螺栓紧固轴力试验

④ 开启顶杆开关，将内套筒中已拧掉的梅花头顶出，梅花头应收集在专用容器内，禁止随便丢弃，特别是严防高空坠落伤人。

6）高强度螺栓施工检查

① 指派专业质检员按照规范要求对整个高强度螺栓安装工作的完成情况进行认真检查，将检验结果记录在检验报告中，检查报告送到项目质量负责人处审批。

② 扭剪型高强度螺栓终拧完成后进行检查时，以拧掉尾部为合格，螺栓丝扣外露应为 2～3 扣，其中允许有 10%的螺栓丝扣外露 1 扣或 4 扣。

③ 对于因构造原因而必须用扭矩扳手拧紧的高强度螺栓，则使用经过核定的扭矩扳手用转角法进行抽验。

④ 扭剪型高强度螺栓连接副终拧后，除因构造原因无法使用专用扳手终拧掉梅花头者外，未在拧中拧掉梅花头的螺栓数不应大于该节点螺栓数的 5%。

⑤ 高强度螺栓安装检查在终拧 1h 以后、24h 之前完成。

⑥ 对采用扭矩扳手拧紧的高强度螺栓，终拧结束后，检查漏拧、欠拧宜用 0.3～0.5kg 重的小锤逐个敲检，如发现有欠拧、漏拧应补拧；超拧应更换。

⑦ 做好高强度螺栓检查记录，经整理后归入技术档案。

7）高强度螺栓施工质量保证措施

高强度螺栓施工质量保证措施见表 2-5。

高强度螺栓施工质量保证措施　　　　　　　表 2-5

序号	保证措施	示意图
1	雨天不得进行高强度螺栓安装,摩擦面上和螺栓上不得有水及其他污物	
2	钢构件安装前应清除飞边、毛刺、氧化铁皮、污垢等。已产生的浮锈等杂质,应用电动角磨机认真刷除	
3	雨后作业,用氧乙炔火焰吹干作业区连接摩擦面	
4	高强度螺栓不能自由穿入螺栓孔位时,不得硬性敲入,用绞刀扩孔后再插入,修扩后的螺栓孔最大直径不应大于1.2倍螺栓公称直径,扩孔数量应征得设计单位同意	现场测量螺栓孔位
5	高强度螺栓在栓孔内不得受剪,螺栓穿入后及时拧紧	
6	初拧时用油漆逐个作标记,防止漏拧	
7	扭剪型螺栓的初拧和终拧由电动剪力扳手完成,因构造要求未能用专用扳手终拧螺栓由亮灯式的扭矩扳来控制,确保达到要求的最小力矩	
8	扭剪型高强度螺栓以梅花头拧掉为合格	
9	因土建相关工序配合等原因拆下来的高强度螺栓不得重复使用	临时螺栓安装示意图(终拧须24h内)
10	制作厂制作时在节点部位不应涂装油漆	
11	若构件制作精度相差大,应现场测量孔位,更换连接板	

4. 钢吊车梁的安装

钢柱吊装完成并经校正固定后,即可吊装吊车梁等构件。

(1)钢吊车梁的绑扎

钢吊车梁一般采用两点绑扎,对称起吊。吊钩应对称于梁的重心,以便使梁起吊后保持水平,梁的两端用油绳控制,以防吊升就位时左右摆动,碰撞柱子,如图2-64所示。

对设有预埋吊环的钢吊车梁,可采用带钢钩的吊索直接钩住吊环起吊;对梁自重较大的钢吊车梁,应用卡环与吊环吊索相互连接起吊;对未设置吊环的钢吊车梁,可在梁端靠近支点处用轻便吊索配合卡环绕钢吊车梁下部左右对称绑扎起吊、或用工具式吊耳起吊,如图2-65所示。

当起重能力允许时,也可采用将吊车梁与制动梁(或桁架)及支撑等组成一个大部件进行整体吊装,如图2-66所示。

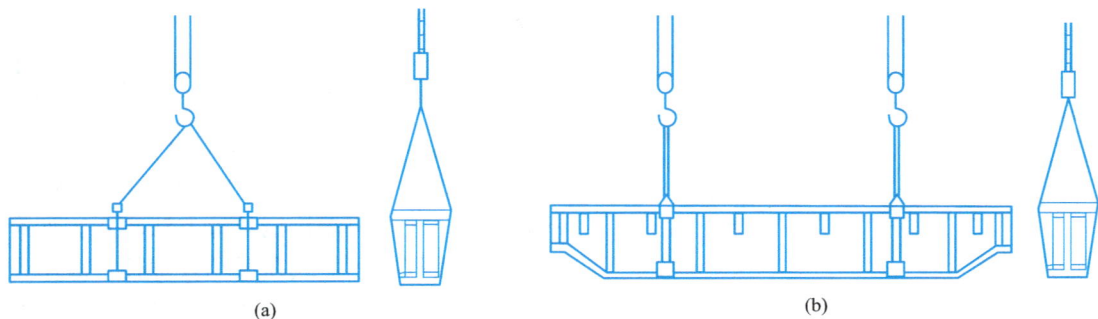

图 2-64　钢吊车梁的吊装绑扎

（a）单机起吊绑扎；（b）双机抬吊绑扎

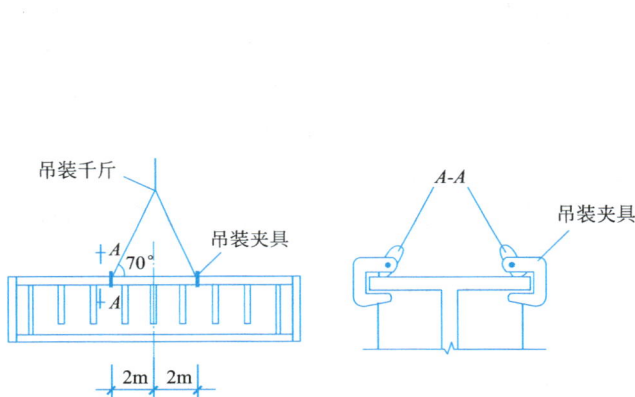

图 2-65　利用工具式吊耳吊装

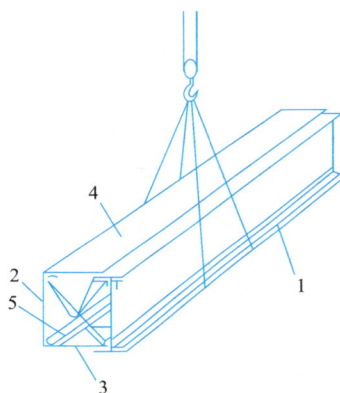

图 2-66　钢吊车梁的组合吊装

1—钢吊车梁；2—侧面桁架；3—底面桁架；

4—上平面桁架及走台；5—斜撑

（2）钢吊车梁的吊升就位和固定

在屋盖吊装之前安装钢吊车梁时，可采用各种起重机进行；在屋盖吊装完毕之后安装钢吊车梁时，可采用短臂履带起重机或独脚桅杆进行；如无起重机械，也可在屋架端头或柱顶拴滑轮组来安装钢吊车梁，采用此法时对屋架绑扎位置应通过验算确定。

钢吊车梁布置宜接近安装位置，使梁重心对准安装中心。安装顺序可由一端向另一端，或从中间向两端顺序进行。当梁吊升至设计位置离支座顶面约 20cm 时，用人力扶正，使梁中心线与支承面中心线（或已安装相邻梁中心线）对准，使两端搁置长度相等，缓缓下落。如有偏差，稍稍起吊，用撬杠撬正；如支座不平，可用斜铁片垫平。

一般情况下，吊车梁就位后，因梁本身稳定性较好，仅用垫铁垫平即可，不需采取临时固定措施。当梁高度与宽度之比大于 4，或遇五级以上大风时，脱钩前，宜用铁丝将钢吊车梁捆绑在柱子上临时固定，以防倾倒。

（3）钢吊车梁的校正

钢吊车梁校正一般在梁全部吊装完毕，屋面构件校正并最后固定后进行。但对重量较大的钢吊车梁，因脱钩后撬动比较困难，宜采取边吊边校正的方法。校正内容包括中心线（位移）、轴线间距（跨距）、标高、垂直度（图 2-67）等。纵向位移在就位时已基本校正，

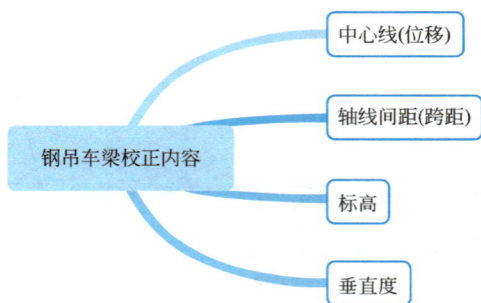

图 2-67　钢吊车梁校正内容

故校正主要为横向位移。

1）吊车梁中心线与轴线间距校正：校正吊车梁中心线与轴线间距时，先在吊车轨道两端的地面上，根据柱轴线放出吊车轨道轴线，用钢尺校正两轴线的距离，再用经纬仪放线、钢丝挂线坠或在两端拉钢丝等方法较正。如有偏差，用撬杠拨正，或在梁端设螺栓，液压千斤顶侧向顶正。或在柱头挂捯链将吊车梁吊起或用杠杆将吊车梁抬起，再用撬杠配合移动拨正。

2）吊车梁标高的校正：当一跨即两排吊车梁全部吊装完毕后，将一台水准仪架设在某一钢吊车梁上或专门搭设的平台上，进行每梁两端的高程测量，计算各点所需垫板厚度，或在柱上测出一定高度的水准点，再用钢尺或样杆量出水准点至梁面铺轨需要的高度，根据测定标高进行校正。校正时用撬杠撬起或在柱头屋架上弦端头节点上挂倒链将吊车梁需垫垫板的一端吊起。重型柱可在梁一端下部用千斤顶顶起填塞铁片。

3）吊车梁垂直度的校正：在校正标高的同时，用靠尺或线坠在吊车梁的两端测垂直度，用楔形钢板在一侧填塞校正。

钢吊车梁的校正方法依据《钢结构工程施工质量验收标准》GB 50205—2020。

5. 屋面檩条和墙梁的安装

屋面檩条和墙梁的单位截面较小、重量较轻，为发挥起重机效率，多采用一钩多吊或成片吊装的方法吊装。对于不能进行平行拼装的檩条，可根据其架设位置，用长度不等的绳索进行一钩多吊，为防止变形，可用木杆加固（图 2-68）。

轻钢结构中屋面檩条和墙梁通常采用冷弯薄壁型钢构件，安装中易侧曲，应注意采用临时木撑和拉条、撑杆等连接件使之能平整顺直。当屋面檩条截面高度≥200mm时，宜考虑采用临时木撑，以防安装时倾覆。墙面檩条在竖向平面内刚度很弱，宜考虑采用临时木撑使在安装中保持墙面檩条的平直，尤其是兼做窗台的墙面檩条一旦下挠，极易产生积水渗透现象。

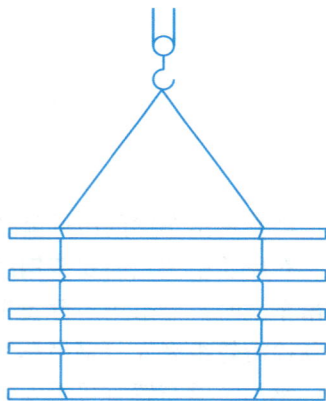

图 2-68　一钩多吊

6. 屋面板和墙面板的安装

屋面板和墙面板常见的有单层压型钢板、压型钢板加保温棉、EPS夹芯板、聚氨酯板等。压型钢板是以冷轧薄钢板为基板，经镀锌或镀锌后覆以彩色涂层再经辊弯成型的波纹板材，具有成型灵活、施工速度快、外观美观、重量轻、易于工业化、商品化生产等特点。

（1）屋面板和墙面板的吊装

1）放置钢板之屋架，吊放钢板前，须先设置挡板防止钢板滑落。

2）保持平稳缓缓吊升，吊车作业范围内，非吊装人员不得靠近。

3）吊升过程中，彩色钢板垂直系带如有松脱，应放下重新调整后再吊升。

4）材料吊升至屋架后，所有皮肋须朝上，板面应朝同一方向（便于安装，除阴肋扣合），并应以尼龙绳固定于主钢架上（不得放置于檩条中央）。

5）提升屋面特长板的方法采用钢丝滑升法。这种方法是在建筑的山墙处设若干道钢丝，钢丝上设套管，板置于钢管上，屋面上工人用绳沿钢丝拉动管，则特长板被提升到屋顶上，而后由人工搬运到安装地点（图 2-69）。

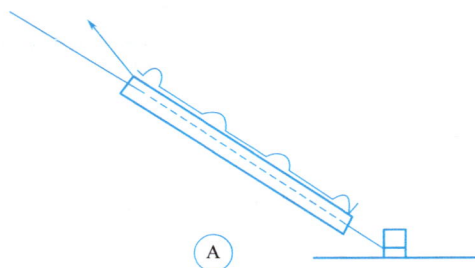

图 2-69　屋面特长板的提升

（2）屋面板和墙面板的安装注意事项

1）安装压型板屋面和墙面必须编制施工排放图，根据设计文件核对各类材料的规格、数量，检查压型钢板及零配件的质量，发现质量不合格的要及时修复或更换。

2）在安装墙板和屋面板时，墙梁和檩条应保持平直。

3）隔热材料宜采用带有单面或双面防潮层的玻璃纤维毡。隔热材料的两端应固定，并将固定点之间的毡材拉紧。防潮层应置于建筑物的内侧，其面上不得有孔，防潮层的接头应采用粘接。

4）在屋面上施工时，应采用安全绳、安全带、安全网等安全措施。

5）安装前面板应擦干，操作时施工人员应穿胶底鞋。

6）搬运薄板时应戴手套，板边要有防护措施。

7）不得在未固定牢靠的屋面板上行走。

8）面板的接缝方向应避开主要视角；当主风向明显应将面板搭接边朝向下风方向。

9）压型钢板的纵向搭接长度应能防止漏水和腐蚀，可采用 200～250mm，搭接处应采用金属压条压住并用拉铆钉固定（图 2-70）。

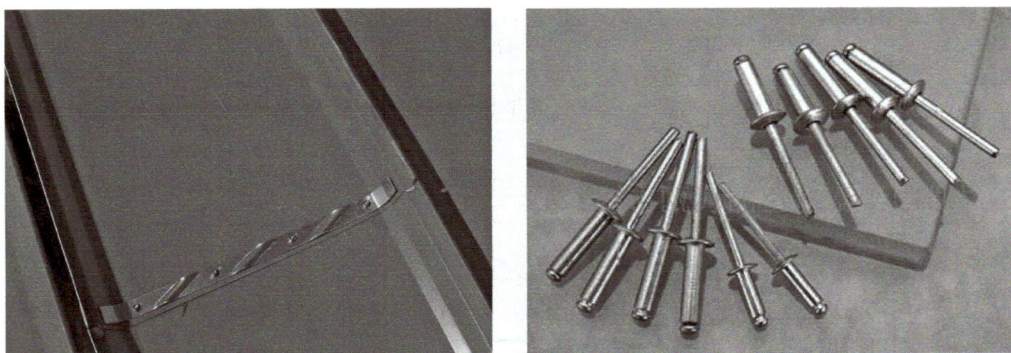

图 2-70　压型钢板的纵向搭接示意图

10）屋面板搭接处均应设置胶条。纵横方向搭接边设置的胶条应连续。胶条本身应拼接。檐口的搭接边除胶条外尚应设置与压型钢板剖面相应的堵头。

11）压型钢板应自屋面或墙面的一端开始依序铺设，应边铺设、边调整位置边固定。山墙檐口包角板与屋脊板的搭接处，应先安装包角板，后安装屋脊板（图 2-71）。

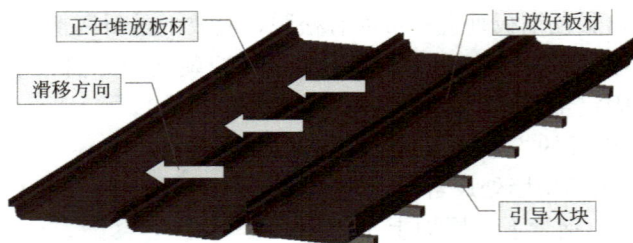

图 2-71　压型钢板铺设示意图

12）在压型钢板屋面、墙面上开洞时，必须核实其尺寸和位置，可安装压型钢板后再开洞，也可先在压型钢板上开洞后再安装。

13）铺设屋面压型钢板时，宜在其上加设临时人行木板。

14）压型钢板围护结构的外观要通过目测检查，应符合下列要求：

① 屋面、墙面平整，檐口成一直线，墙面下端成一直线。

② 压型钢板长向搭接缝成一直线。

③ 泛水板、包角板分别成一直线。

④ 连接件在纵、横两个方向分别成一直线。

（3）屋面板的安装

屋面压型板的固定方式分为外露式连接和隐藏式连接两种（图 2-72）。

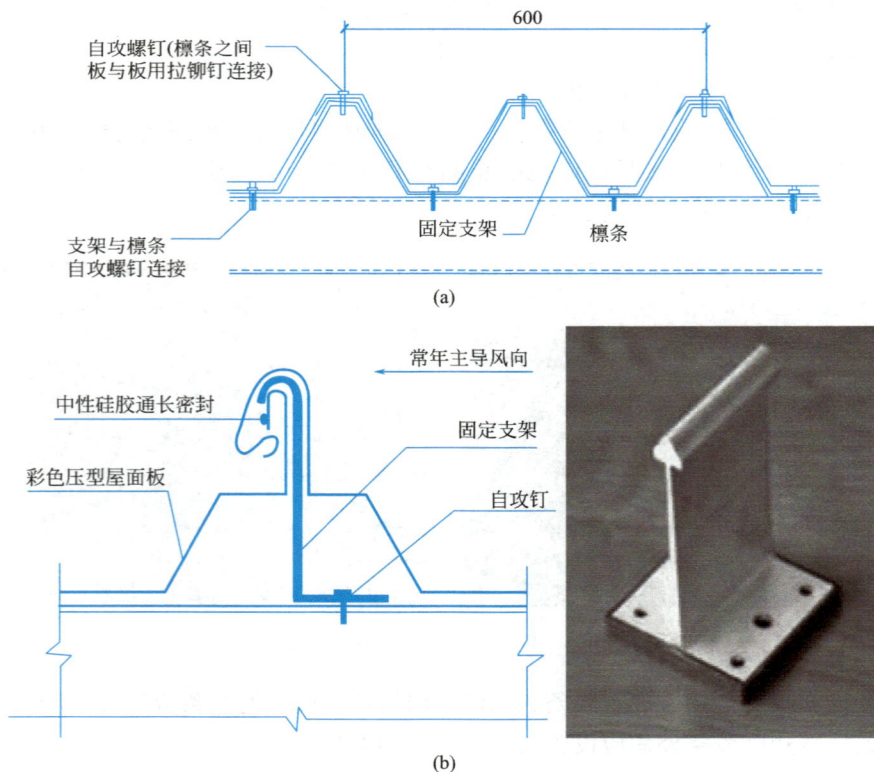

(a)

(b)

图 2-72　屋面压型板的固定示意图

（a）外露式连接；（b）隐藏式连接

外露式连接安装时，在紧固自攻螺钉时应掌握紧固的程度，不可过度，过度会使密封垫圈上翻，甚至将板面压得下凹而积水。紧固不够会使密封不到位而出现漏雨，目测检查拧紧程度的方法是看垫板周围的橡胶是否被轻微挤出。

隐藏式连接安装时，直立锁边机和锁边流程如图 2-73、图 2-74 所示。

（4）屋脊板、泛水板、收边板安装

屋面板堵头为钢板堵头，其整体刚度好于橡胶堵头，与屋面板连接通过自攻钉固定，与屋面板连接更加密实，牢固与稳定性要好于橡胶堵头，防水性能也不亚于橡胶防水堵头。

图 2-73　直立锁边机

图 2-74　直立锁边流程图

屋脊板、泛水板和收边板的安装是整个围护系统安装的重要部分，直接影响到整个工程的质量和效果，所以应该特别重视。屋脊盖板构造如图 2-75 所示。

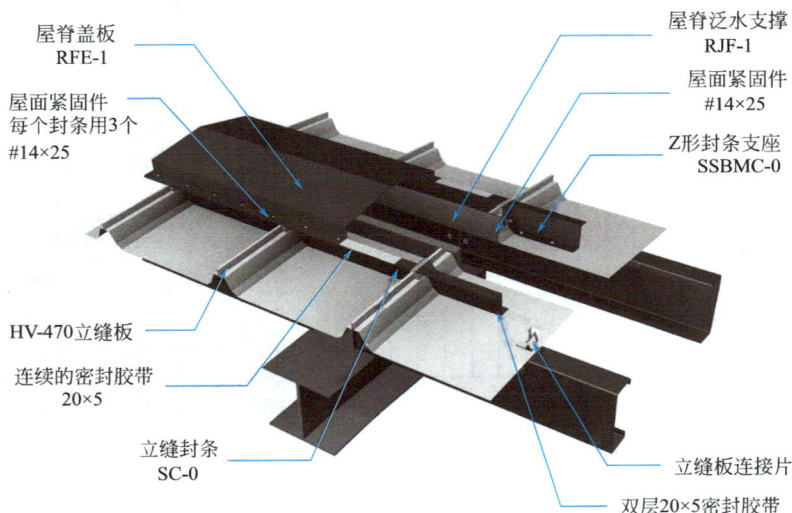

图 2-75　屋脊盖板构造

（5）保温棉的安装

轻钢门式刚架结构屋面在有保温棉的时候，先在屋面檩条上拉不锈钢丝网，然后在钢丝网上面铺设保温棉，如图 2-76 所示。

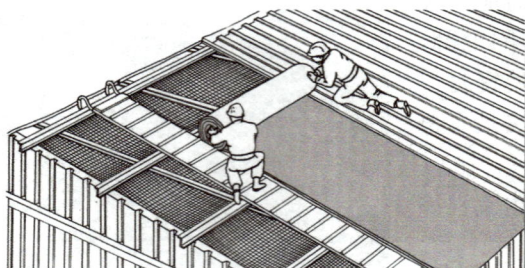

图 2-76　保温棉铺设图

图 2-77　采光板

（6）采光板的安装

在很多大跨度厂房中，为增加采光，往往在屋面上设置用采光板做成的采光带。采光板与钢檩条之间应隔以与采光板的板型相匹配的专用泡沫堵头，支垫并保护采光板（图 2-77）。

（7）墙面板的安装

为了安装方便，在安装墙面板之前也必须预先确定安装顺序并画好排板图（图 2-78），然后再安装墙面板，墙面板的固定方式也分为外露式连接和隐藏式连接两种，如果没有外观上的特别要求，多采用外露式连接，用自攻螺钉把墙面板固定在墙梁上（图 2-79）。

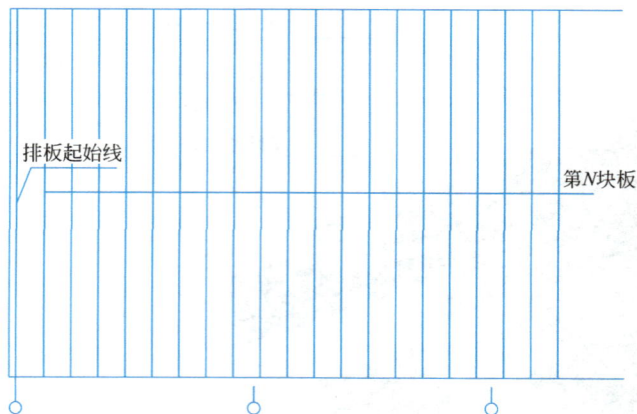

图 2-78　墙面板排板图

图 2-79　墙面板安装图

（8）墙面泛水板、包边的安装

墙面泛水板、包边（图 2-80）安装在墙面板安装完毕后应对配件的安装作二次放线，以保证檐口线、窗口门口和转角线等的水平直度和垂直度。在安装时，应采用线锤从顶端向下测量，以调整包边的垂直度。在安装门窗的垂直包角（图 2-81）时，应从上层门窗向下挂线锤，做到上下对齐。

54

图 2-80　包边

图 2-81　门窗的垂直包角

　　如果施工场地允许，屋面板和墙面板可以在现场加工，既可以避免运输过程中压型钢板变形，也可以减少板的搭接，搭接少既可以加快安装速度，还可以减少漏水隐患。板材加工如图 2-82、图 2-83 所示。

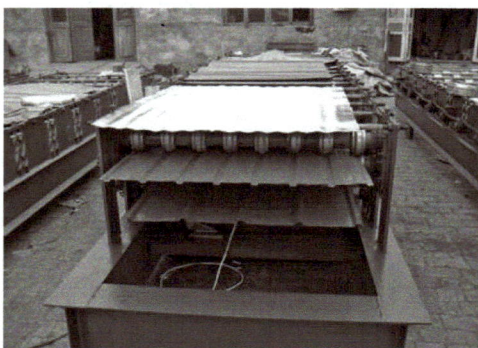

图 2-82　压型钢板加工

图 2-83　夹芯板加工

2.4.3　轻钢门式刚架结构工程的验收

　　钢柱、钢梁、吊车梁、檩条、压型钢板等构件的安装允许偏差及验收方法依据《钢结构工程施工质量验收规范》GB 50205—2020 的规定。

项目拓展

　　1. 实地参观轻钢门式刚架结构工程施工现场，对轻钢门式刚架结构工程施工安装及验收知识进一步熟悉。

　　2. 借助互联网了解更多轻钢门式刚架结构工程施工实例。

　　3. 查找重型工业厂房工程施工实例，了解更多的重型工业厂房工程施工。

实训课题

　　门式刚架结构的安装及验收。

实训目的

使学生能够依据实训指导图、《钢结构工程施工规范》GB 50755—2012 以及《钢结构工程施工质量验收标准》GB 50205—2020 进行安装和验收，并熟练掌握门式刚架的安装及验收方法。

实训程序

1. 老师讲解安全规程和注意事项。
2. 老师讲解门式刚架结构的验收方法。
3. 学生以小组为单位进行验收。
4. 每组每位学生写一份实训报告，并以小组为单位汇报。

| 2.13 实训准备 | 2.14 构件安装 | 2.15 细部处理 | 2.16 点评总结 |

模块小结

本模块主要学习了轻钢门式刚架结构的基本知识、轻钢门式刚架结构的图纸识读、轻钢门式刚架结构的加工制作、轻钢门式刚架结构的安装及验收、轻钢门式刚架结构的安装及验收实训等内容，结合《门式刚架轻型房屋钢结构技术规范》GB 51022—2015 及《钢结构工程施工质量验收标准》GB 50205—2020 的规定进行了阐述和讲解，使学生最终具备轻钢门式刚架结构工程的施工及管理能力。

模块巩固

一、判断题

1. 由于门式刚架上弦节点极易变形，如绑扎点选择不当，在扶直和起吊过程中会产生很大变形，因此，应正确选择门式刚架的绑扎点。　　　　　　　　　　　　　　（　　）

2. 钢柱的校正工作主要是校正垂直度和复查标高。　　　　　　　　　　　　　（　　）

3. 钢柱垂直度校正时所采用的仪器为水准仪、吊线和钢尺等。　　　　　　　　（　　）

4. 全站仪由于只需一次安置，仪器便可以完成测站上所有的测量工作，故被称为"全站仪"。　　　　　　　　　　　　　　　　　　　　　　　　　　　　　　　　（　　）

5. 钢柱起吊前，应从柱底板向上 500～1000mm 处，划一水平线，以便安装固定前后作复查平面标高基准面。　　　　　　　　　　　　　　　　　　　　　　　　　（　　）

6. 塑性破坏前有明显的变形，破坏历时时间长，可以采取补救措施。　（　　）

7. 钢材代用时，高强度材料代替低强度材料一定好。　（　　）

8. 无损检验是在不破坏材料样品的前提下，利用超声波、X 射线、表面探伤仪进行检查。　（　　）

9. 书面检查要做到全数检查，所有钢材进场后，监理人员首先要进行书面检查。

（　　）

10. 钢结构工程专业承包企业应在其资质范围内从事相应的钢结构工程施工。专业资质等级标准分为一、二、三级。　（　　）

11. 重要钢结构工程的施工技术方案和安全应急预案，应组织专家评审。　（　　）

12. 焊件在焊接过程中受到局部加热和冷却是产生焊接应力和变形的主要原因。　（　　）

13. 高强度螺栓又称为预应力螺栓，采用低碳钢制成。　（　　）

14. 扭剪型高强度螺栓连接副含有一个螺栓、一个螺母、两个垫圈。　（　　）

15. 在螺栓连接中，螺栓的长度越长越好。　（　　）

16. 对于一般的螺栓连接接头，螺栓的紧固顺序应从内向外，必须从中心开始，对称施拧。　（　　）

17. 高强度螺栓施工时，螺栓应能自由穿入螺栓孔，若不能自由穿入，应使用气割扩孔。　（　　）

18. 高强度螺栓孔的加工采用钻孔和冲孔。　（　　）

19. 钢材的规格尺寸与设计要求不同时，可以以大代小，不需要经计算确定。　（　　）

20. 书面检查要做到全数检查，所有钢材进场后，监理人员首先要进行书面检查。

（　　）

21. 高强度大六角头螺栓连接副应按规定复验其扭矩系数。　（　　）

22. 钢结构零部件加工制作前，加工单位应根据已批准的设计文件编制施工详图，施工详图应经原设计工程师会签及由合同文件规定的监理工程师批准方可施工。　（　　）

23. 加工单位编制施工详图的过程中需要修改时，制作单位应向原设计单位申报，经同意和签署文件后修改方可生效。　（　　）

24. 不同材质的两种钢焊接时，宜采用与低强度钢材相适应的焊条。　（　　）

25. 不同宽度或厚度的板件对接，应在宽度方向或厚度方向从一侧或两侧做成坡度不大于 1：2.5（直接承受动力荷载时不大于 1：4）的斜角（下图），以使截面过渡和缓，减小应力集中。　（　　）

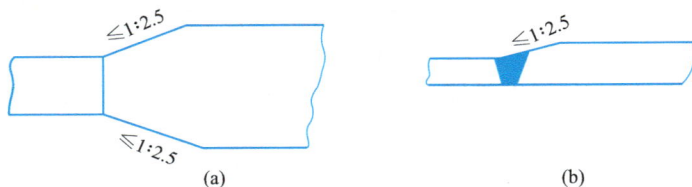

(a)　　　　　　　　　　　　(b)

26. 常用的高强度螺栓有大六角头型（图 a）和扭剪型（图 b）两种，两种高强度螺栓的施工方法相同。　（　　）

(a)　　　　　　　　　　　　　　(b)

27. 二级焊缝通过外观检查，用超声波检验每条焊缝 100％的长度，看内部缺陷。
（　　）

28. 承压型高强度螺栓可以用于直接承受动力荷载的结构。（　　）

29. 在高强度螺栓连接构造中，目前我国采用的有 8.8 级和 10.9 级两种强度性能等级的高强度螺栓。（　　）

30. 焊缝施焊方位有四种，依次为俯焊、横焊、立焊和仰焊，其中仰焊操作条件最差，焊缝质量不易保证，应尽量避免。（　　）

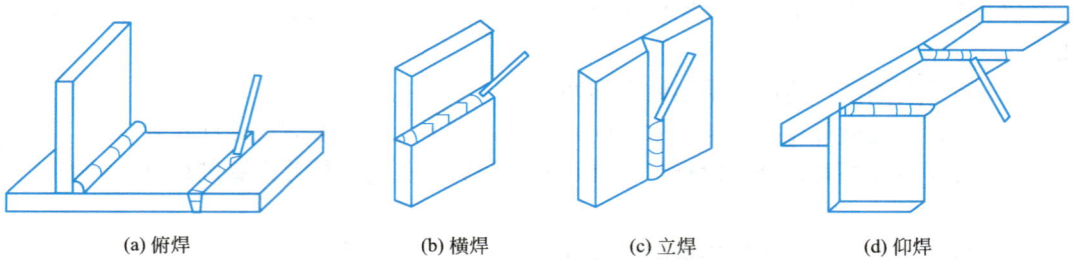

(a) 俯焊　　　　　　　(b) 横焊　　　　　　　(c) 立焊　　　　　　　(d) 仰焊

二、选择题

1. 钢材的力学性能包括强度和塑性、冷弯性能、冲击韧性等，图（a）、（b）、（c）是对钢材的哪种力学性能做试验的示意图？（　　）

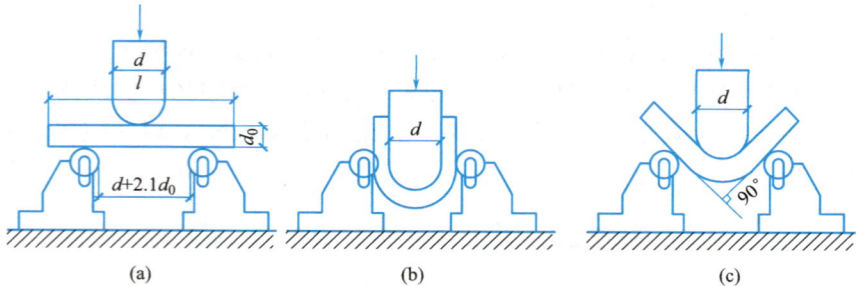

(a)　　　　　　　　　　(b)　　　　　　　　　　(c)

A. 冲击韧性　　　　B. 冷弯性能　　　　C. 强度　　　　D. 塑性

2. 下列对钢材有益的元素是（　　）。

A. 钒、铌、钛　　　B. 硫、磷、氧　　　C. 磷、氧、氮　　　D. 硫、氧、氮

3. 在螺栓连接中，螺栓排列时要保证有一定的空间，便于转动螺栓扳手，这是为了满足（　　）。

A. 受力要求　　　B. 构造要求　　　C. 施工要求　　　D. 不一定

4. 焊缝的质量等级分为三级，要求最高的是（　　　）。

A. 一级　　　　　　　B. 二级　　　　　　　C. 三级　　　　　　　D. 不确定

三、填空题

1. 轻钢门式刚架结构用钢一般采用碳素结构钢和低合金结构钢。碳素结构钢的牌号有＿＿＿＿＿等，质量等级包括＿＿＿＿＿四个等级，低合金结构钢的牌号有＿＿＿＿＿等，质量等级包括＿＿＿＿＿五个等级。

2. 建筑企业资质分为＿＿＿＿＿、＿＿＿＿＿和＿＿＿＿＿三大序列。

3. 焊条是供手工电弧焊用的熔化电极，由＿＿＿＿＿和＿＿＿＿＿两部分组成。

4. 自动或半自动埋弧焊所用的焊接材料有＿＿＿＿＿和＿＿＿＿＿。

5. 根据施焊位置的不同，钢结构焊接有＿＿＿＿＿、＿＿＿＿＿、＿＿＿＿＿和＿＿＿＿＿四种焊接方式。采用＿＿＿＿＿方式质量最差，尽可能避免。

6. 常见的螺栓的种类有＿＿＿＿＿和＿＿＿＿＿两种。

7. 高强度螺栓从外形上可分为＿＿＿＿＿和＿＿＿＿＿两种。

8. ＿＿＿＿＿高强度螺栓连接副每套包括一个螺栓、一个螺母、一个垫圈，＿＿＿＿＿高强度螺栓连接副每套包括一个螺栓、一个螺母、两个垫圈。

9. 高强度螺栓从外形上可分为＿＿＿＿＿和＿＿＿＿＿两种。

10. 检查扭剪型高强度螺栓是否达到终拧的时候，以＿＿＿＿＿作为合格标准。

11. 彩钢板安装采用的连接方式有＿＿＿＿＿连接和＿＿＿＿＿连接两种。

12. 彩钢板安装中，常见的连接件包括＿＿＿＿＿和＿＿＿＿＿。

13. 彩板建筑密封材料分为＿＿＿＿＿和＿＿＿＿＿两种。

14. 彩钢板的耐火极限是＿＿＿＿＿min。

15. 在我国建筑钢结构中，主要采用的钢材为＿＿＿＿＿结构钢和＿＿＿＿＿结构钢。

16. 焊缝连接形式根据焊缝的截面形状，可分为角焊缝连接和对接焊缝连接，下图中所示的焊缝连接为＿＿＿＿＿连接。

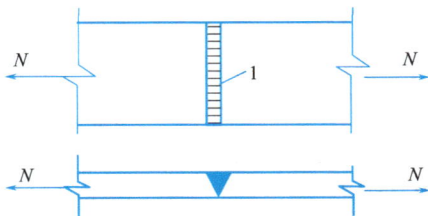

17. 应力集中将会导致构件发生＿＿＿＿＿破坏。

18. 低碳钢和低合金高强度结构钢的质量等级根据＿＿＿＿＿划分，低碳钢质量等级有＿＿＿＿＿，低合金高强度钢的质量等级有＿＿＿＿＿。

19. 建筑钢材中严格控制硫的含量，在 Q235 钢中不得超过 0.05%，在 Q345 钢中不得超过 0.045%，这是因为含硫量过大，在焊接时会引起钢材的＿＿＿＿＿。

20. 轻钢门式刚架结构的组成主要包括＿＿＿＿＿、＿＿＿＿＿、＿＿＿＿＿、

_____、_____等。

21. 轻钢门式刚架结构主体结构主要包括_____、_____、_____等。

22. 支撑系统主要包括_____、_____、_____等。

23. 对于有吊车的轻钢门式刚架结构，还需要设置吊车梁系统，吊车梁系统主要包括_____、_____、_____等。

24. 围护系统主要包括_____、_____。屋面围护系统主要包括_____和_____；墙面围护系统主要包括_____和_____。

25. 轻钢门式刚架结构常见的辅助结构包括_____、_____、_____、_____等。

26. 无论是铰接连接柱脚还是刚接连接柱脚，当柱脚底部的剪力与轴力之比大于 0.4 时，柱脚底部要 设置_____。

27. 当柱脚底板比较大的时候，为了使柱脚底板与混凝土基础之间的后浇层能被振捣密实，底板设_____。

28. 圆钢支撑与梁柱连接时一般采用的连接件是_____。施工时，为了使圆钢支撑张紧，一般采用的张紧连接件是_____。

29. 在有吊车的轻钢门式刚架结构工程中，为了使吊车梁更容易满足_____要求，一般在吊车梁上翼缘设置制动桁架（或制动板）。

30. 为了减小门式刚架屋面钢梁平面外计算长度，一般需要通过设置_____来实现，其上端与屋面檩条连接，下端与刚架梁的下翼缘连接。

31. 根据受力情况的不同，轻钢门式刚架钢柱脚的连接形式有_____连接和_____连接。

32. 地脚螺栓检查数量按柱基数抽查_____，且不应少于_____。

33. 吊装起重机的选择原则：避免_____，避免_____，避免_____或_____。

34. 采用履带吊吊装时，为了保证吊机的稳定并减少防止路面被损坏，需在地面安放_____。

35. 轻钢门式钢架柱安装时的标高控制点位置设置：当无吊车时以柱顶为控制点，当有吊车时以_____为控制点。

36. 钢柱的安装时应先吊离地面_____，离基础面_____。

37. 钢结构工程的安装方法有_____、_____和_____三种，其中_____是吊装工程中广泛采用的一种方法。

38. 钢柱常用的吊装方法有_____、_____和_____三种。

39. 钢柱的验收工作一般包括_____、_____和_____。

四、识图题

1. 根据下列刚架图和 1-1 断面图所示内容回答问题。

1）刚架图中柱底标高为_____。

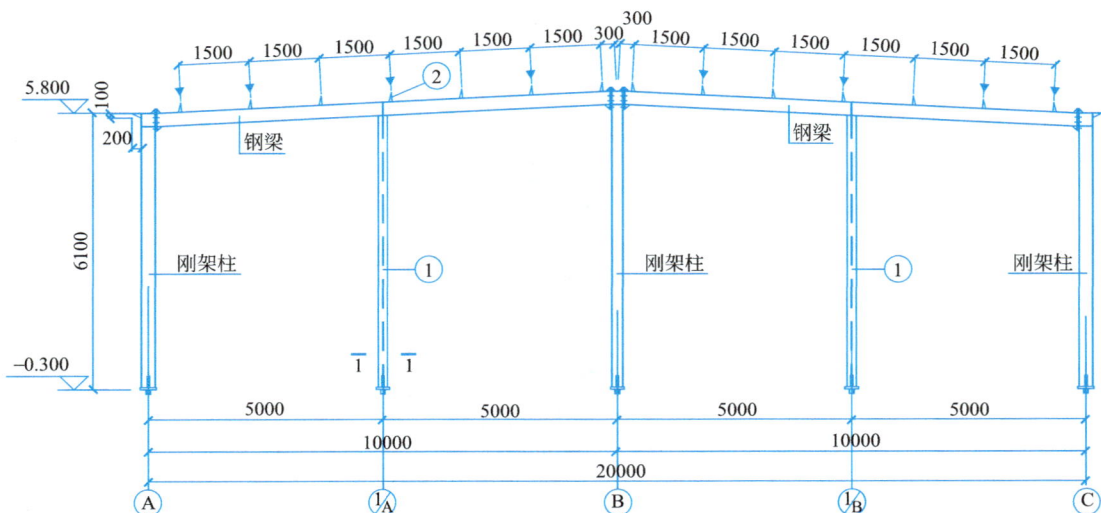

刚架图

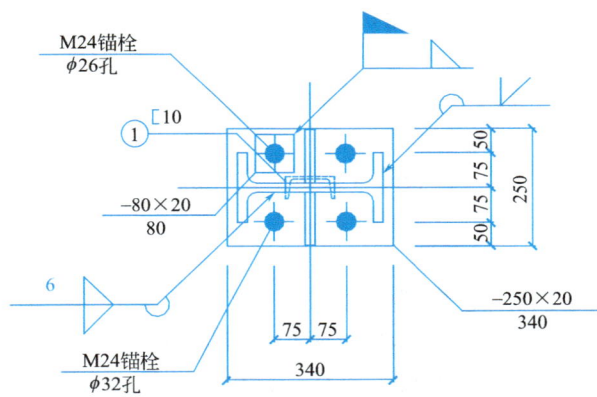

1-1

2）刚架图所示的刚架为山墙面刚架，跨度为 10m 的两跨，为了抵抗山墙面的风荷载，同时兼做墙架柱，在⑭A、⑭B轴上设置构件①，①代表的构件名称是＿＿＿＿＿＿＿＿。

3）刚架图中的②是为了固定檩条在刚架梁上设置的连接构件，此构件的名称是＿＿＿＿＿＿＿＿。

4）根据 1-1 断面图，刚架柱的柱脚连接形式采用＿＿＿＿＿＿＿＿连接（刚接、铰接）。

5）1-1 剖面图中，　　　　　　　　表示＿＿＿＿＿＿＿＿。

6）若门式刚架柱底水平剪力大于 0.4N（N 为柱底压力），则柱脚底板底部应设置 1-1 剖面图中的①构件，以起到抵抗水平剪力的作用，1-1 剖面图中的①构件名称为＿＿＿＿＿＿＿＿。

2. 根据下图所示内容回答问题。

1）图 1 是门式刚架梁柱连接节点断面图，图中①构件的名称是＿＿＿＿＿＿＿＿。

61

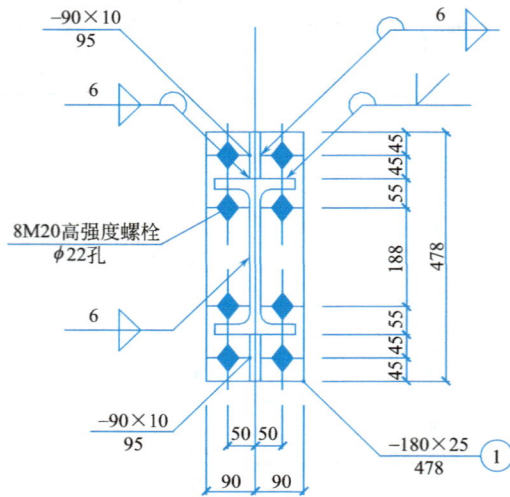

2）图中符号 代表的含义是＿＿＿＿＿＿。

3）图中 8M20 高强度螺栓代表的含义是＿＿＿＿＿＿。

4）图中符号 代表的含义是＿＿＿＿＿＿。

五、简答题

1. 简述钢结构的施工准备包括哪些内容？

2. 钢结构吊装施工常用机具有哪些？钢结构吊装常用起重设备有哪些？

3. 单层钢结构厂房安装中，基础、钢柱、钢梁的验收内容包括哪几个方面？分别采用的检查方法是什么？

4. 在梁柱连接节点中，若螺栓为 M20 的扭剪型高强度螺栓，梁和柱的端板的厚度均为 20mm，请问螺栓的长度是多少 mm？

5. 梁柱连接节点中，若螺栓为 M20 的大六角型高强度螺栓，梁和柱的端板的厚度均为 22mm，请问螺栓的长度是多少 mm？

模块 3

Modular 03

钢框架结构工程施工

学习目标

通过本模块学习，熟悉钢框架结构分类、力学特点；明确钢框架结构组成；正确识读钢框架设计图、加工图；进行钢框架结构工程量统计；熟悉钢框架结构加工设备性能及正确选择设备；编制钢框架结构加工方案并组织实施；进行钢框架结构构件拼装并进行质量控制；编制钢框架结构施工安装方案并组织实施；组织钢框结构验收。

能力目标

本模块旨在培养学生从事钢框架识图、加工制作与施工安装方面的技能，通过课程讲解使学生掌握钢框架的组成、构造、加工工艺、施工安装方法等知识，通过动画、录像、实操训练等强化学生使学生具备从事钢框架施工安装的技能。

素质目标

我国从 2018 年开始就建立了房地产长效机制，形成了统一目标、因城施策、一城一策、城市主责的工作机制，并从实际出发不断完善政策。房地产是国民经济的重要产业，这不仅体现在房地产业本身对投资、消费和服务等经济活动的贡献，还体现在其对众多关联产业的带动作用。为了达到稳房地产市场的需求，同时结合国家用地、环保等现状，培养钢框架结构工程实施的技术人才至关重要。

思维导图

```
                              ┌─────────────────────┐
                              │  钢框架结构的基本知识  │
                              └─────────────────────┘
                              ┌─────────────────────┐
   ┌──────────────────┐       │  钢框架结构施工图识读  │
   │  钢框架结构工程施工  │──────┤                     │
   └──────────────────┘       └─────────────────────┘
                              ┌─────────────────────┐
                              │  钢框架结构的加工与制作 │
                              └─────────────────────┘
                              ┌─────────────────────┐
                              │ 钢框架结构工程的安装及验收 │
                              └─────────────────────┘
```

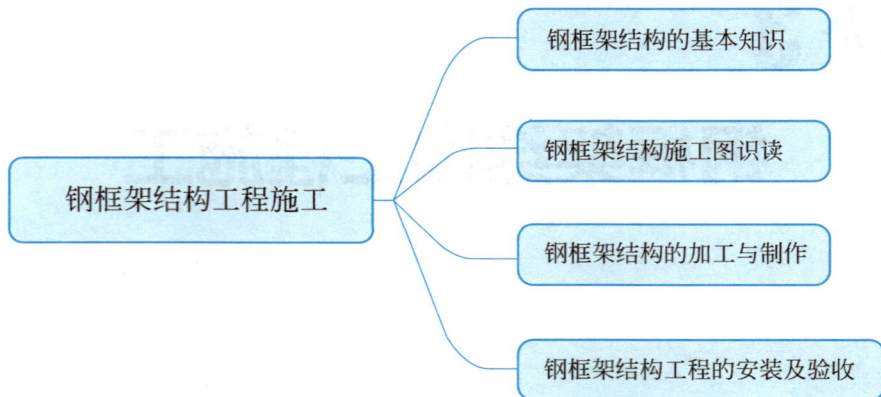

3.1 钢框架结构的基本知识

学习目标

掌握钢框架结构体系组成、材料、分类、常见节点构造与形式。

能力目标

具备区分钢框架结构体系组成、材料、分类、常见节点构造与形式的能力。

3.1.1 钢框架结构的组成

钢框架结构一般由钢柱、钢梁、楼板、支撑等组成（图 3-1）。

随着层数及高度的增加，除承受较大的竖向荷载外，抗侧力（风荷载、地震作用等）要求也成为多层框架的主要承载特点，其基本结构体系一般可分为三种：纯框架体系、柱-支撑体系、框架-支撑体系。

1. 纯框架体系

在实际设计中，由于使用功能的要求，钢框架结构在层数和高度较小时，常常不设置柱间支撑。只能够通过加大框架柱的截面来抵抗水平地震作用和水平风力，减少层间位移（图 3-2）。

图 3-1　钢框架结构的组成

2. 柱-支撑体系

当钢框架结构层数及高度较大时，风荷载、地震作用成为影响柱截面的主要因素，一

般在框架柱之间要布置柱间支撑，可以有效抵抗水平地震作用和风力，降低框架柱的计算长度，减少框架柱的计算截面（图 3-3）。

图 3-2　纯框架体系

图 3-3　柱-支撑体系

3. 框架-支撑体系

对于多层及小高层钢框架结构建筑，可结合门窗位置在建筑的外墙布置双向交叉支撑，支撑可采用角钢、槽钢或圆钢，可按拉杆设计，在结构中支撑不一定必须从下到上在同一位置设置，也可跳格布置，其目的主要是为了增加结构的刚度。外墙开有门窗时，也可在窗台高度范围内布置，形成类似周边带状桁架的结构形式，对结构整体刚度进行加强。

3.1　钢框架结构体系与组成

对高层住宅，可选择山墙和内墙布置中心支撑或偏心支撑，值得注意的是，当采用单斜体系时，应设置不同倾斜方向的两组单斜撑，以抵挡双向地震作用，在节点方面，若支撑足以承受建筑物的全部侧向力作用，则梁柱可做成铰接，如支撑不足以承受建筑物的全部侧向力作用，则梁柱可部分或全部做成刚接。

在高烈度地区，如果柱子比较细长，则大多采用偏心框架体系，这种体系的特点是，在小震或中等烈度地震作用下，刚度足以承受侧向水平力，在强震作用下，又具有很好的延性和耗能能力（图 3-4）。

3.1.2　钢框架结构的材料

1. 钢框架结构柱的材料

钢框架结构的柱一般有 H 型钢、箱形、圆管、十字形等几种截面形式。

H 型钢柱常采用的规格主要焊接 H 型钢、热轧 H 型钢等（图 3-5）；常用的钢材材质主要有 Q355 和 Q390 等。

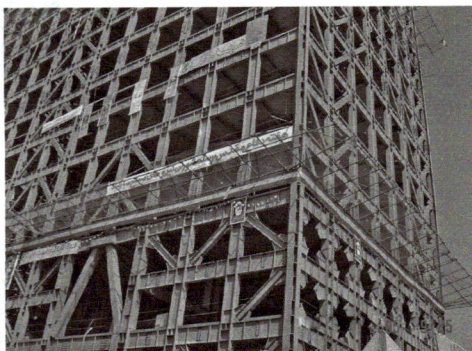

图 3-4　框架-支撑体系

对于高层建筑的柱，可采用 H 型钢柱外包钢筋混凝土形成的劲性柱，为确保 H 型钢柱与钢筋混凝土协同工作和变形，沿着 H 型钢柱高度方向应焊有栓钉。

(a)   (b)

图 3-5   H 型钢

（a）焊接 H 型钢；（b）热轧 H 型钢

    箱形截面是由四块钢板组成的承重构件，在它与梁连接部位还设有加劲隔板，每节柱子顶部要求平整。对于房间开间较大的纵横向承重的钢框架结构，为充分发挥截面承重能力，其钢柱一般采用焊接箱形截面柱（图 3-6）；常用的钢材材质主要有 Q355 和 Q390 等。

    对于高层建筑的柱，可采用箱形柱外包钢筋混凝土形成的劲性柱，为确保箱形柱与钢筋混凝土协同工作和变形，沿着箱形柱高度方向应焊有栓钉。

    管柱是由圆管或方管经切割和加工成型的（图 3-7）。圆管柱常用的钢材材质主要有 Q355 和 Q390 等。对于高层建筑的柱，可采用圆管柱外包钢筋混凝土形成的劲性柱，为确保圆管柱与钢筋混凝土协同工作和变形，沿着圆管柱高度方向应焊有栓钉。

图 3-6   箱形柱

图 3-7   圆管

图 3-8   十字柱

    每根十字柱采用一根 H 型钢柱与两根由 H 型钢剖分形成的⊥型钢焊接而成（图 3-8）。对于高层建筑的柱，可采用十字柱外包钢筋混凝土形成的劲性柱，为确保十字柱与钢筋混凝土协同工作和变形，沿着十字柱高度方向应焊有栓钉。十字柱常用的钢材材质主要有 Q355 和 Q390 等。

    当钢框架结构柱为焊接十字形钢柱时，其整体刚性大，对几何尺寸要求严格，如产生变形校正极为困难，因此在制作过程中要严格控制变形的产生。

2. 钢框架结构梁的材料

对于柱距较小的钢框架结构，其钢梁一般采用 H 型钢，其强轴平行于水平面设置。H 型钢柱常采用的规格主要有焊接 H 型钢、热轧 H 型钢等（图 3-9）；常用的钢材材质主要有 Q355 和 Q390 等。

(a)　　　　　　　　　　　　　　(b)

图 3-9　H 型钢

(a) 焊接 H 型钢；(b) 热轧 H 型钢

对于柱距特别大的钢框架结构，其钢梁一般采用焊接箱形截面（图 3-10），其强轴平行于水平面设置。常用的钢材材质主要有 Q355 和 Q390 等。

图 3-10　焊接箱形截面

3. 钢框架结构支撑的材料

在钢框架结构体系中，支撑一般采用工字钢、槽钢、圆管、方管、H 型钢、箱形等截面形式（图 3-11）。常用的钢材材质主要有 Q355 和 Q390 等。

4. 钢框架结构楼板的材料

在钢结构住宅中楼板的形式也呈现多样性。近年来，采用较多的楼板形式主要有以下几种。

(1) 现浇整体混凝土楼盖

现浇整体混凝土楼盖是结构设计中最常用的一种楼板，也是设计及施工人员最为熟悉的一种结构形式。它的做法与钢筋混凝土结构中现浇板的做法基本相似，只是现浇板与钢

图 3-11　支撑的截面形式

（a）工字钢；（b）槽钢；（c）圆管；（d）方管；（e）H 型钢；（f）箱形

梁之间需要增加抗剪连接件，使现浇板与钢梁形成一个整体。

（2）混凝土叠合板

混凝土叠合板是将预制钢筋混凝土板支撑在工厂制作的焊有栓钉剪力连接件的钢梁上，在铺设完现浇层中的钢筋之后浇灌混凝土，当现浇混凝土达到一定的强度时，栓钉连接件使槽口混凝土、现浇层及预制板与钢梁连成整体共同工作，形成钢-混凝土叠合板组合梁，预制板和现浇层相结合形成叠合板。

（3）压型钢板混凝土楼板

压型钢板混凝土楼板于 20 世纪 60 年代前后在欧美、日本等国多层及高层建筑中得到了广泛应用。在实际应用中压型钢板混凝土楼板又分为两种形式：一种为非组合楼板，另一种是组合楼板。在施工阶段两者的作用是一样的，压型钢板作为浇筑混凝土板的模板，即不拆卸的永久性模板，经合理设计后，不需要设置临时支撑，即由压型钢板承受湿混凝土板重量和施工活荷载。两者区别主要在于使用阶段，非组合楼板中梁上混凝土不参与钢梁的受力，按普通混凝土楼板计算承载力；而组合楼板中考虑混凝土楼板与钢梁共同工作，同时钢梁的刚度也有了提高，为保证压型钢板和混凝土叠合面之间的剪力传递，须在压型钢板上增加纵向波槽、压痕或横向抗剪钢筋等（图 3-12）。

（4）自承式钢筋桁架压型钢板组合楼板

自承式钢筋桁架压型钢板组合楼板，利用混凝土楼板的上下层纵向钢筋，与弯折成型的钢筋焊接，组成能够承受荷载的小桁架，组成一个在施工阶段无需模板的能够承受湿混凝土及施工荷载的结构体系。在使用阶段，钢筋桁架成为混凝土楼板的配筋，能够承受使用荷载。自承式钢筋桁架压型钢板组合楼面，如图 3-13 所示。

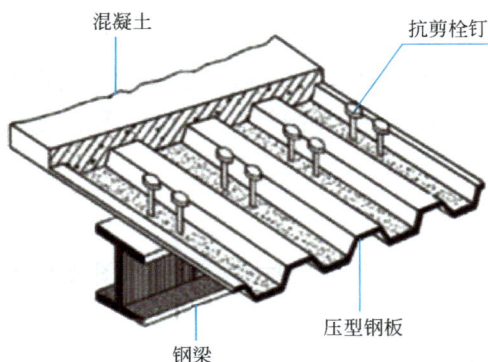

图 3-12　压型钢板组合楼盖

图 3-13　自承式钢筋桁架压型钢板组合楼板

钢筋桁架压型钢板组合楼板作为一种合理的楼板形式，在国外工程中已广泛采用。其又具有自身的特点及优势：

1）使用范围广：适用于工业建筑和公共建筑以及住宅，满足抗震规范对不大于 9 度地震区楼板的要求。

2）提高了工程质量，改善楼板的使用性能。

3）钢筋间距均匀，混凝土保护层厚度容易控制。

4）由于腹杆钢筋的存在，与普通混凝土叠合板相比，钢筋桁架混凝土叠合板具有更好的整体工作性能。

5）楼板下表面平整，便于作饰面处理，符合用户对室内顶板的感观要求。

6）缩短工期，施工阶段，钢筋桁架压型钢板可作为施工操作平台和现浇混凝土的底模，取消了繁琐的模板工程。

项目拓展

1. 现场实地参观钢框架结构建筑。
2. 借助互联网了解钢框架结构实际工程。
3. 查找资料，了解超高层及高耸钢结构实际工程。

3.2　钢框架结构的材料

项目巩固

绘制本项目的知识点思维导图。

3.2 钢框架结构施工图识读

能正确识读钢框架结构设计图与加工图（包括结构布置图、柱脚连接节点图、梁梁连接节点图、梁柱连接节点图、楼板连接节点图、构件图、零件图等），并组织图纸会审与交底。

具有正确识读钢框架结构设计图与加工图（包括结构布置图、柱脚连接节点图、梁梁连接节点图、梁柱连接节点图、楼板连接节点图、构件图、零件图等），并组织图纸会审与交底。

3.2.1 钢框架结构施工图识读

钢框架结构施工图识读顺序为先建筑图，后结构图；先布置平面图，后构件图及连接详图。

由教师选取钢框架结构的典型工程图纸（包括设计图与深化图）供学生进行识图实际训练，钢框架结构图纸识读除读懂建筑图、结构布置图、连接节点图、深化设计构件图、零件图外，施工安装人员还应读懂结构整体受力及变形特点以确定安装方式和工序（图 3-14）。

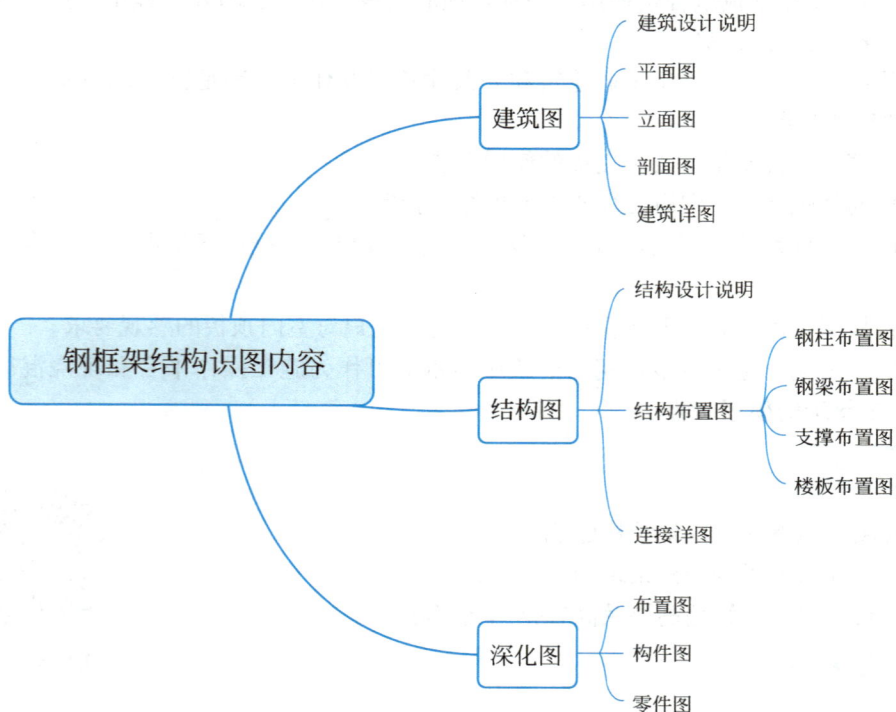

图 3-14 钢框架结构识图内容导图

3.2.2　钢框架结构的连接与构造

钢框架结构的连接包括钢柱与基础的连接、梁与柱的连接、柱与柱的拼接、次梁与主梁的连接、支撑与梁柱的连接、楼板与钢梁的连接等（图 3-15）。

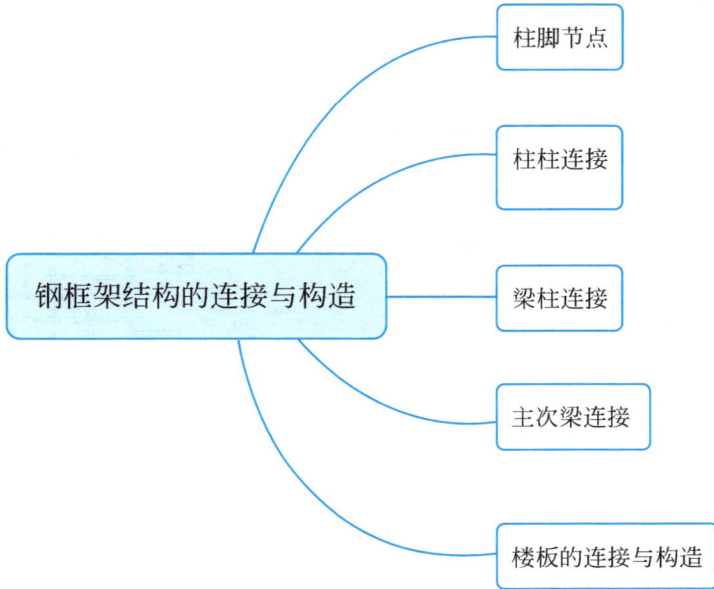

图 3-15　钢框架结构连接导图

1. 柱脚节点

根据固定形式分，钢框架结构的柱脚形式有外露式柱脚、外包式柱脚和埋入式柱脚三种形式（图 3-16）。

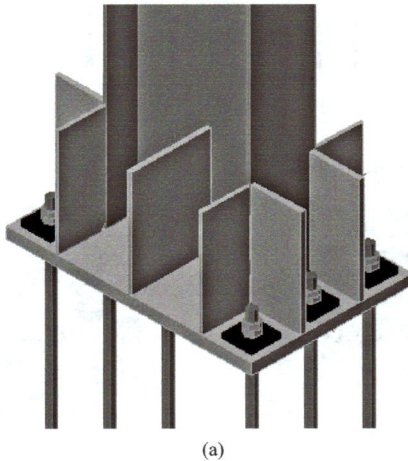

(a)

图 3-16　钢框架结构的柱脚形式（一）

（a）外露式柱脚

71

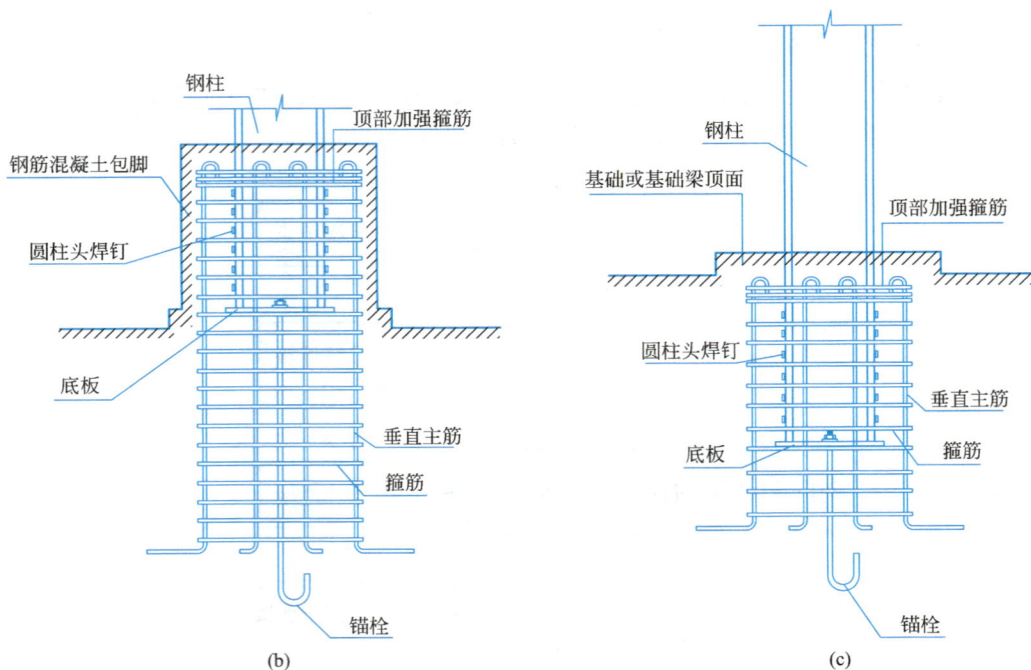

图 3-16　钢框架结构的柱脚形式（二）

（b）外包式柱脚；（c）埋入式柱脚

（1）H 型钢柱刚接柱脚节点如图 3-17 所示。

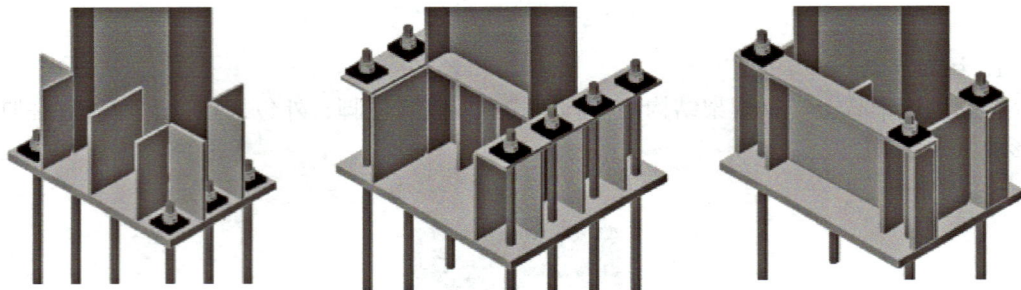

图 3-17　H 型钢柱刚接柱脚节点

（2）箱形柱刚接柱脚节点如图 3-18 所示。

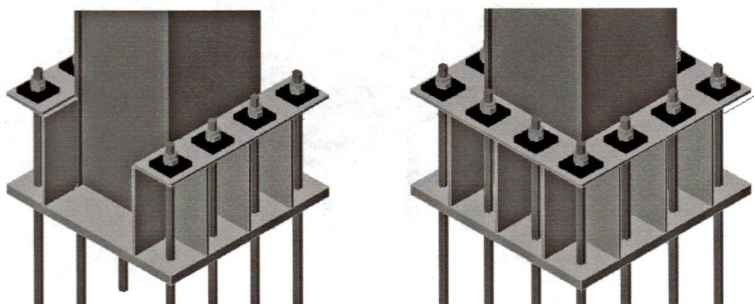

图 3-18　箱形柱刚接柱脚节点

（3）圆管柱刚接柱脚节点如图 3-19 所示。

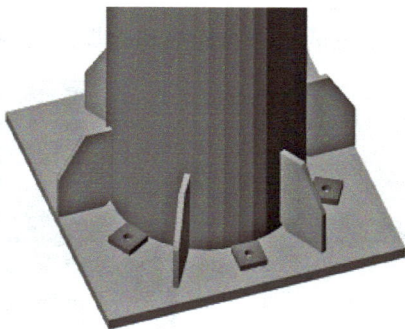

3.3　钢框架结构柱
脚的连接与构造

图 3-19　圆管柱刚接柱脚节点

2. 柱柱连接

（1）H 型钢柱拼接

H 型钢截面和箱形截面柱与柱的连接有螺栓连接和焊接两种形式（图 3-20）。

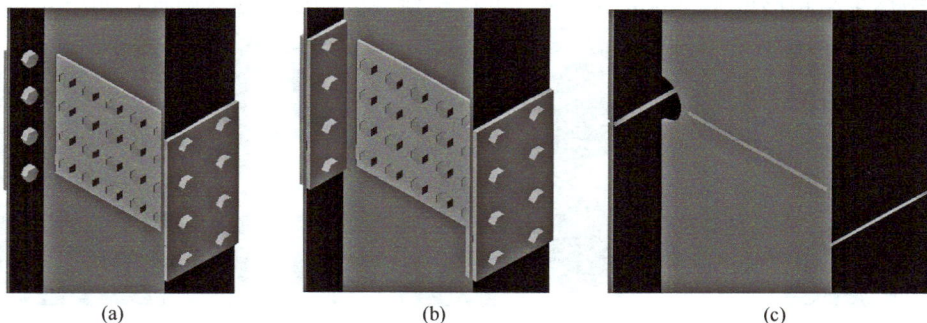

(a)	(b)	(c)

图 3-20　H 型钢截面柱与柱连接节点

（a）H 型钢柱的螺栓单剪连接；（b）H 型钢柱的螺栓双剪连接；（c）H 型钢柱的焊接连接

（2）箱形截面柱

箱形截面柱连接一般采用焊接连接（图 3-21）。

（3）圆管柱拼接

圆管柱拼接一般采用焊接连接（图 3-22）。

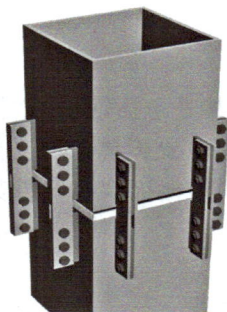

3.4　钢框架结
构柱柱拼接
与构造

图 3-21　箱形截面柱与柱连接节点　　图 3-22　圆管截面柱与柱连接节点

3. 梁柱连接

（1）H 型钢梁与 H 型钢柱的连接

H 型钢梁柱刚接连接节点常见的有螺栓连接和栓焊连接两种，如图 3-23 所示。

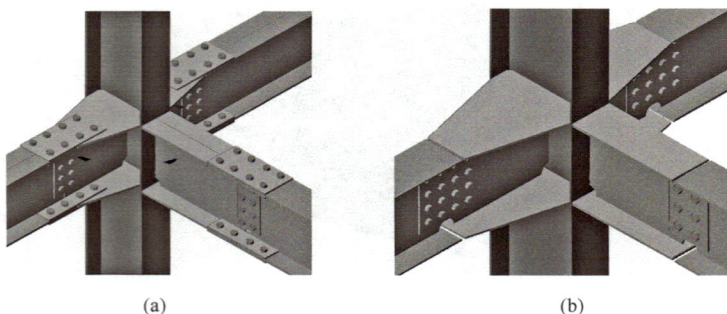

图 3-23　H 型钢梁柱刚接节点

(a) 短梁刚接（螺栓连接）；(b) 短梁刚接（栓焊连接）

（2）H 型钢梁与箱形截面柱连接

H 型钢梁与箱形截面柱刚接节点常见的有螺栓连接和栓焊连接两种，如图 3-24 所示。

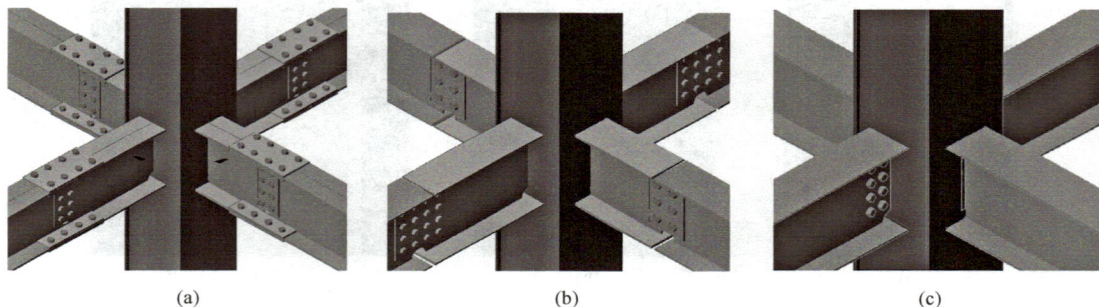

图 3-24　H 型钢梁与箱形截面柱刚接节点

(a) 短梁刚接（螺栓连接）；(b) 短梁刚接（栓焊连接）；(c) 无短梁刚接（栓焊连接）

图 3-25　箱形截面梁柱刚接节点

（3）箱形截面梁柱连接

箱形截面梁柱连接常采用栓焊连接，如图 3-25 所示。

（4）H 型钢梁与钢管截面柱连接

H 型钢梁与钢管截面柱的连接一般采用外连水平加劲板连接，如图 3-26 所示。

4. 支撑的连接

钢框架结构中支撑的连接与构造包括钢柱-支撑体系、支撑与框架柱的连接与构造、框架-支撑体系中支撑与框架梁柱的连接与构造、框架结构中楼面隅撑与框架梁的连接与构造等。

（1）支撑与框架柱的连接

在钢框架结构柱-支撑体系中，支撑与框架柱的连接常采用刚性连接，通过焊缝连接或螺栓连接，如图 3-27 所示。

3.5　钢框架结构梁柱的连接与构造

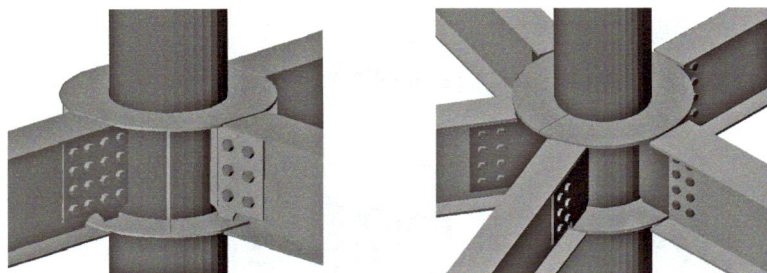

图 3-26　H 型钢梁与钢管截面柱刚接节点

（2）支撑与框架梁柱的连接

在钢框架结构框架-支撑体系中，支撑与框架梁柱的连接常采用通过焊缝连接或螺栓连接的刚性连接，如图 3-28 所示。

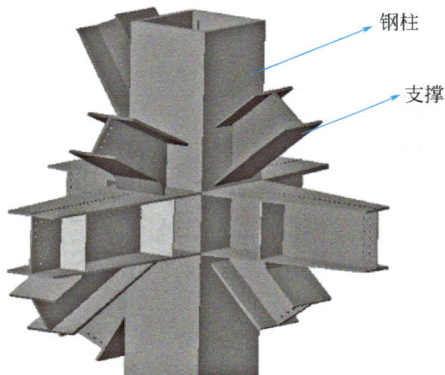

图 3-27　支撑与框架柱的连接节点

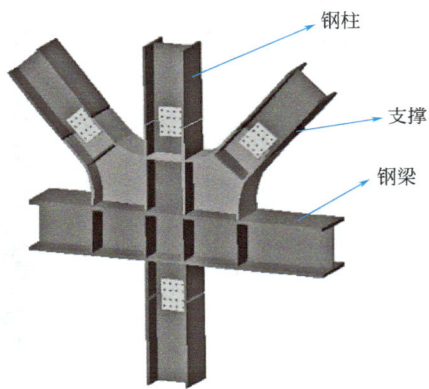

图 3-28　支撑与框架梁柱的连接节点

（3）隅撑与框架梁的连接

在钢框架结构中，楼面隅撑与框架梁的下翼缘连接，常通过连接板用螺栓连接，如图 3-29 所示。

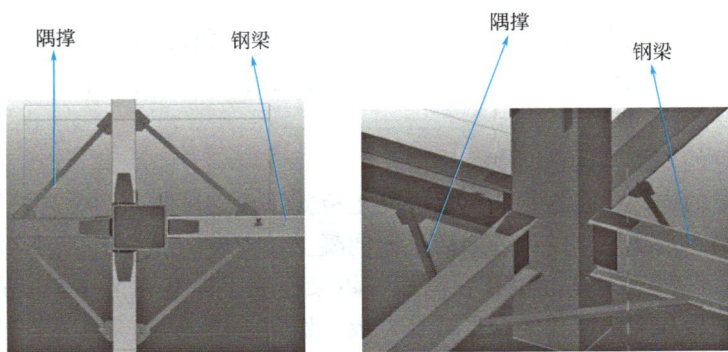

图 3-29　隅撑与框架梁的连接节点

3.6　钢框架结构支撑的连接与构造

5. 主次梁的连接

（1）H 型钢主次梁连接

H 型钢主次梁连接一般采用铰接连接，节点形式如图 3-30 所示。

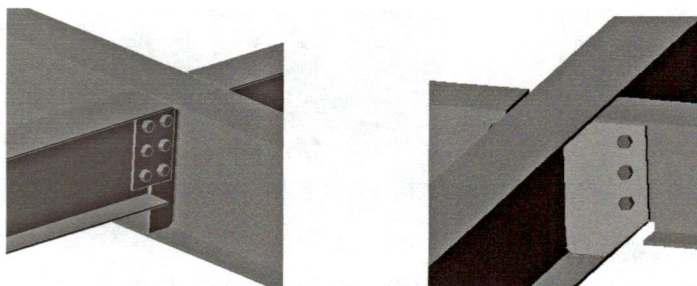

图 3-30　主次梁铰接节点

（2）H 型钢次梁与箱形截面主梁连接

H 型钢次梁与箱形截面主梁连接，节点形式如图 3-31 所示。

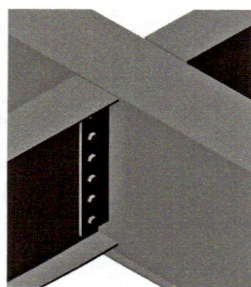

图 3-31　H 型钢次梁与箱形截面主梁铰接节点

3.7　钢框架结构次梁与主梁的连接与构造

6. 楼板的连接与构造

钢框架结构中楼板的连接包括现浇混凝土楼板与钢梁的连接、混凝土叠合楼板与钢梁的连接、压型钢板混凝土楼板与钢梁的连接、自承式钢筋桁架压型钢板组合楼板与钢梁的连接等。

（1）现浇混凝土楼板与钢梁的连接与构造

现浇混凝土楼板施工时，先支模板，然后绑扎钢筋后再浇筑楼板混凝土，为了使楼板与钢梁形成一个整体，现浇板与钢梁之间需要增加栓钉或钢筋等抗剪连接件，如图 3-32 所示。

（2）叠合楼板与钢梁的连接与构造

混凝土叠合板与钢梁的连接，是将预制钢筋混凝土板支撑在工厂制作的焊有栓钉抗剪连接件的钢梁上，在铺设完现浇层中的钢筋之后浇灌混凝土，当现浇混凝土达到一定的强度时，栓钉连接件使槽口混凝土、现浇层及预制板与钢梁连成整体共同工作，形成钢-混凝土叠合板组合梁，预制板和现浇层相结合形成叠合板，如图 3-33 所示。

（3）压型钢板混凝土楼板与钢梁的连接与构造

压型钢板通过栓钉与钢梁连接，此时的栓钉不仅起到固定压型钢板的作用，同时也起到把楼板与钢梁连成整体的作用。为保证压型钢板和混凝土叠合面之间的剪力传递，须在压型钢板上增加纵向波槽、压痕或横向抗剪钢筋等，如图 3-34 所示。

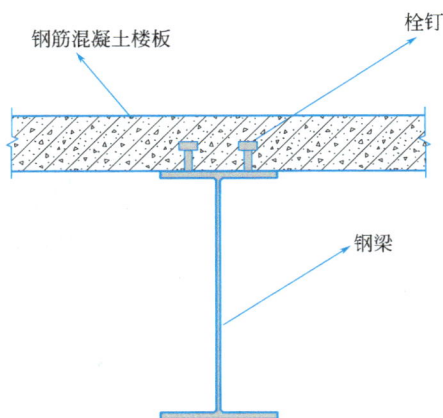

图 3-32　现浇混凝土楼板与钢梁的连接节点

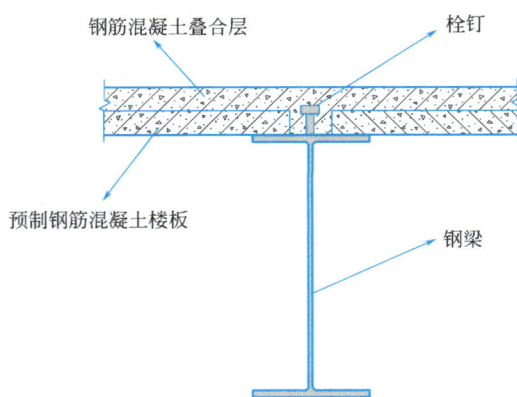

图 3-33　叠合楼板与钢梁的连接节点

（4）自承式钢筋桁架压型钢板组合楼板与钢梁的连接与构造

自承式钢筋桁架压型钢板（图 3-35）通过栓钉与钢梁连接，此时的栓钉不仅起到固定自承式钢筋桁架压型钢板的作用，同时起到把楼板与钢梁连成整体的作用。

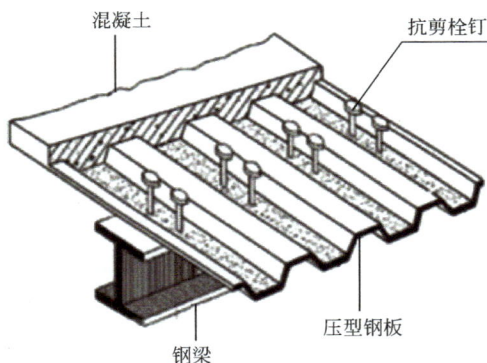

图 3-34　压型钢板混凝土楼板与钢梁的连接节点

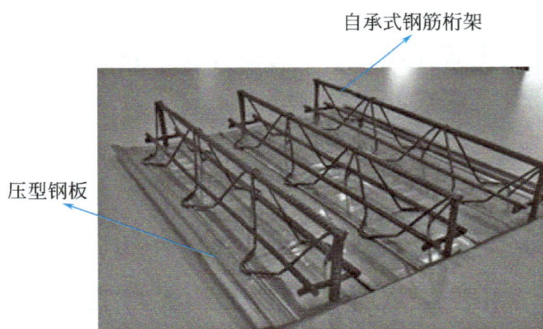

图 3-35　自承式钢筋桁架压型钢板

（5）劲性结构的连接与构造

劲性混凝土结构（简称劲性结构）与钢结构相比可节省大量钢材，增大截面刚度，克服了钢结构耐火性、耐久性差及易屈曲失稳等缺点，使钢材的性能得以充分发挥，采用劲性混凝土结构，一般可比纯钢结构节约钢材 50％以上。与普通钢筋混凝土结构相比，劲性混凝土结构中的配钢率要大很多，劲性混凝土构件的承载能力可高于同样外形的钢筋混凝土构件的承载能力一倍以上，从而可以减

3.8　钢框架结构的楼板连接与构造

小构件的截面积，避免钢筋混凝土结构中的"肥梁胖柱"现象，增加建筑结构的使用面积和空间，减少建筑的造价，产生较好的经济效益。尽管和钢管混凝土相比，劲性混凝土的

抗压能力相对弱一些，但其用途更加广泛。由于其外形截面可以是任何形状，因此可以被用于几乎所有的构件，如图 3-36 所示。

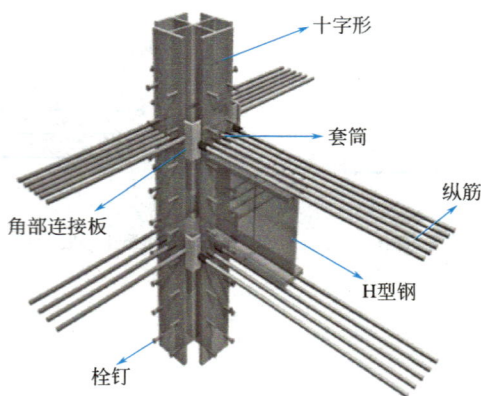

图 3-36　劲性结构梁柱连接示意图

项目拓展

1. 现场实地参观钢框架结构建筑，对钢框架结构的连接进一步熟悉。
2. 借助互联网了解更多的钢框架结构实际工程案例。

项目巩固

绘制本项目学习内容的思维导图。

实训课题

钢框架结构图纸识读训练。

实训目的

能够熟练识读钢框架结构施工图。

实训程序

1. 老师讲解看图的要领，介绍施工图的组成，强调识图注意事项。
2. 到类似工程工地参观后进一步识读施工图。
3. 每组每位学生写一份实训报告，并以小组为单位汇报。

3.3　钢框架结构的加工与制作

学习目标

掌握钢框架结构构件的加工制作流程与加工工艺；能编制钢框架结构加工制作方案并付诸实施。

能力目标

具备编制钢框架结构加工制作方案并付诸实施的能力。

1. 焊接 H 型钢加工

焊接 H 型钢加工工艺同轻钢门式刚架结构焊接 H 型钢梁柱加工。

2. 箱形构件的制作

（1）箱体组装

组装前应将焊接区域范围内的氧化皮、油污等杂物清理干净。箱体组装时，点焊工必须严格按照焊接工艺规程执行，不得随意在焊接区域以外的母材上引弧。

先在下翼缘上画隔板定位线，如图 3-37 所示。

然后在装配平台上将工艺隔板和加劲板装配在一箱体主板上，工艺隔板一般距离主板两端头 200mm，工艺隔板之间的距离为 1000～1500mm。此时所选主板根据 H 形截面大小不同而有选择性：当截面≥800mm×800mm 时，选择任意一块主板均可，当截面＜800mm×800mm 时，则只能选择与加劲板不焊一边相对的主板，如图 3-38 所示。

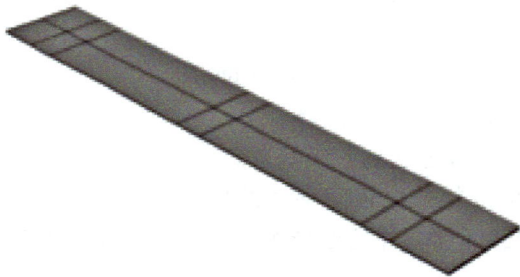

图 3-37　画隔板定位线

图 3-38　组装下翼缘与隔板

组装槽形：在组装槽形前应将工艺隔板、加劲板与主板进行焊接。将另两相对的主板组装为槽形。

槽形内的工艺隔板、加劲板与主板的焊接：根据焊接工艺的要求用手工电弧焊或二氧化碳气体保护焊进行焊接，如图 3-39、图 3-40 所示。

（2）组装箱体的盖板

在组装盖板前应对加劲板的两条焊缝进行焊接并进行无损检验，同时也应检查槽形是否扭曲，直至合格后方可组装盖板，如图 3-40 所示。

（3）箱体四条主焊缝的焊接

四条主焊缝的焊接应严格按照焊接工艺的要求施焊，焊接采用二氧化碳气体保护焊进行打底，埋弧自动焊填充盖面。在焊缝的两端应设置引弧和引出板，其材质和坡口形式应和焊件相同。埋弧焊的引弧和引出焊缝应大于 50mm。焊接完毕后应用气割切除引弧和引出板，并打磨平整，不得用锤击落。

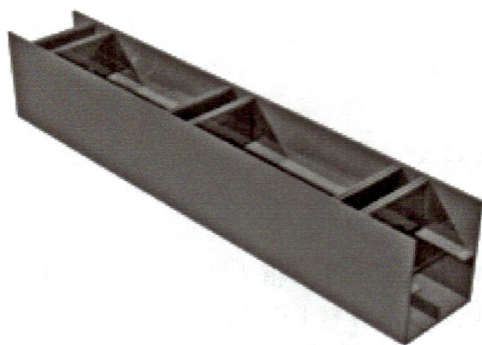

图 3-39　组装腹板

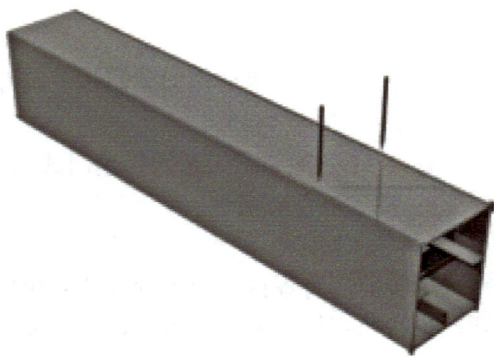

图 3-40　组装盖板（上翼缘）

有的工程中由于箱形截面有部分厚板，在焊接时如果工艺措施采取不当或因材料缺陷，极易出现 Z 向层状撕裂，为防止在厚度方向出现层状撕裂，采取措施如下：

1）在拼装前，对钢板坡口两侧 150mm 区域内进行 UT 探伤检测，对发现裂纹、夹层及分层的弃用，重新下料、加工。

2）在设计焊缝时采取对称 V 形坡口形式和交错对称焊接的方法。

3）对装前对母材焊道中心线两侧各 130mm 左右的区域进行超声波探伤检查，母材中不得有裂纹、夹层及分层等缺陷存在。

4）按工艺卡编写的焊接顺序措施进行焊接，尽可能减少板厚方向的约束。

5）严格按照工艺卡要求进行预热措施和后热处理。

6）对所有的焊缝要进行 UT 超声波检测，确保焊缝达到一级标准。

7）在钢框架结构中，翼板、加筋板和腹板的焊接造成板间很大的拘束，焊接残余应力的存在将给工程造成许多不良影响，如降低静载强度、焊接变形等。为此，应制定有效降低焊接残余应力的措施。

图 3-41　VSA 时效振动仪

消除应力的措施从工艺上讲主要有热处理、锤击、振动法和加载法。在工地现场除了对焊接接头作后热处理和锤击外，没有其他有效的方式。消除应力主要在工厂进行，VSR 时效振动法对于长度在 10m 以内，重量 20t 以下的钢构件应力的消除特别有效，其操作工艺简单、生产成本较低（与热处理时效相比），越来越多地应用到生产当中。VSR 时效振动法使用主要的设备是 VSA 时效振动仪，如图 3-41 所示。

8）对于板厚大于 50mm 的碳素钢和板厚大于 36mm 的低合金钢，焊接前应进行预热，焊后应进行后热处理。预热温度宜控制在 100～150℃，预热区在焊道两侧，每侧宽度均应大于焊件厚度的 2 倍，且不应小于 100mm。高层钢结构的箱形柱与横梁连接部位，因应力传递的要求，设计上在柱内设加劲板，箱形柱为全封闭形，在组装焊接过程中，每块加劲板四周只有三边能用手工焊或二氧化碳气体保护焊与柱面板焊接，在最后一块柱面板封焊后，加劲板周边缺一条焊缝，为此必须用熔嘴电渣焊补上。为了达到对称焊接控制变形的目的，一般留两条焊缝用电渣焊对称施焊，如图 3-42 所示。

图 3-42　箱体主焊缝的焊接

（4）矫正、开箱体端头坡口

箱体组焊完毕后，如有扭曲或马刀弯变形，应进行火焰矫正或机械矫正。箱体扭曲的机械矫正方法为：将箱体的一端固定而另一端施加反扭矩的方法进行矫正，如图 3-43 所示。

对箱体端头要求开坡口者在矫正之后才进行坡口的开制。

（5）箱体其他零件的组装焊接

箱体矫正、开坡口完成后还需要组装焊接连接钢梁、支撑等构件的零部件，如图 3-44 所示。

图 3-43　箱体零部件的组装焊接

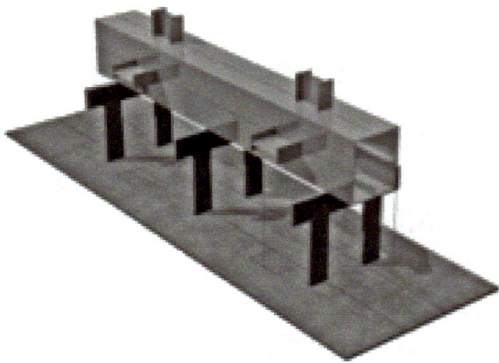

图 3-44　箱体零部件的组装焊接

最后进行构件的清理、挂牌以及构件的最终尺寸验收、出车间。

项目拓展

1. 实地参观钢结构生产车间，对焊接箱形加工设备及工艺进一步熟悉。
2. 借助互联网了解更多焊接箱形加工工艺知识。

项目巩固

绘制本项目学习内容的思维导图。

实训课题

箱形截面梁柱的加工制作。

实训目的

使学生能够编制箱形钢构件的加工方案，熟悉箱形钢构件的加工工艺。

实训程序

1. 老师讲解箱形钢构件的加工工艺，强调注意事项。
2. 联系钢结构生产厂家，到加工实地学习交流。
3. 学生以小组为单位进行讨论和总结学习内容。
4. 每组每位学生写一份实训报告，并以小组为单位汇报。

3.4 钢框架结构工程的安装及验收

学习目标

掌握钢框架结构施工安装的主要方法，能编制钢框架结构施工方案、吊装专项方案、质量控制及保证措施并付诸实施；掌握钢框架结构验收要点及规范要求并能组织自验。

能力目标

具备编制钢框架结构施工方案、吊装专项方案和钢框架结构工程施工质量验收的能力。

3.4.1 钢框架结构工程施工准备

施工准备是一项技术、计划、经济、质量、安全、现场管理等综合性强的工作，是同设计单位、钢结构加工厂、混凝土基础施工单位、混凝土结构施工单位以及钢结构安装单位内部资源组合的重要工作。施工准备包括技术准备、资源准备、管理协调准备等内容。其程序如下：

设计、合同要求质量、工期交底→编制施工组织设计→编制资源使用计划→基础、钢构件、控制网检测→现场施工水、电、构件堆场工作程序→相关单位协调工作程序→审批。

1. 技术准备

技术准备主要包括设计交底和图纸会审、钢结构安装施工组织设计、钢结构及构件验收标准及技术要求、计量管理和测量管理、特殊工艺管理等。具体如下：

（1）参加图纸会审，与业主、设计、监理充分沟通，确定钢结构各节点、构件分节细节及工厂制作图，分节加工的构件满足运输和吊装要求。

3.10 钢框架-核心筒结构工程施工

（2）编制施工组织设计，分项作业指导书。施工组织设计包括工程概况、工程量清单、现场平面布置、主要施工机械和吊装方法、施工技术措施、专项施工方案、工程质量标准、安全及环境保护、主要资源表等。其中吊装主要机械选型及平面布置是吊装重点。分项作业指导书可以细化为作业卡，主要用于作业人员明确相应工序的操作步骤、质量标准、施工工具和检测内容、检测标准。

（3）依承接工程的具体情况，确定钢构件进场检验内容及适用标准，以及钢结构安装检验批划分、检验内容、检验标准、检测方法、检验工具，在遵循国家标准的基础上，参照部标或其他权威认可的标准，确定后在工程中使用。

（4）各专项工种施工工艺确定，编制具体的吊装方案、测量监控方案、焊接及无损检测方案、高强度螺栓施工方案、塔式起重机装拆方案、临时用电用水方案、质量安全环保方案。

（5）组织必要的工艺试验，如焊接工艺试验、压型钢板施工及栓钉焊接检测工艺试验。尤其要做好新工艺、新材料的工艺试验，作为指导生产的依据。对于栓钉焊接工艺试验，根据栓钉的直径、长度及焊接类型（是穿透压型钢板焊还是直接打在钢梁上的栓钉焊接），要做相应的电流大小、通电时间长短的调试。对于高强度螺栓，要做好高强度螺栓连接副扭矩系数、预拉力和摩擦面抗滑移系数的检测。

（6）根据结构深化图纸，验算钢结构框架安装时构件受力情况，科学地预计其可能的变形情况，并采取相应合理的技术措施来保证钢结构安装的顺利进行。

（7）钢结构施工中计量管理包括按标准进行的计量检测，按施工组织设计要求的精度配置的器具，检测中按标准进行的方法。测量管理包括控制网的建立和复核，检测方法、检测工具、检测精度符合国家标准要求。

（8）和工程所在地的相关部门进行协调，如治安、交通、绿化、环保、文保、电力等。并到当地的气象部门了解以往年份的气象资料，做好防台风、防雨、防冻、防寒、防高温等措施。

2. 主要机具

在多层与高层钢结构安装施工中，由于建筑较高、大，吊装机械多以塔式起重机、履带起重机、汽车起重机为主（图 3-45）。

(a)

(b)

(c)

图 3-45　起重设备

（a）履带起重机；（b）汽车起重机；（c）塔式起重机

　　根据多层与高层钢结构工程结构特点、平面布置及钢构件重量等情况，钢构件吊装一般选择采用塔式起重机。在地下部分如果钢构件较重的，也可选择采用汽车起重机或履带起重机完成。吊装机具的选择是钢结构安装的重要组成内容，直接关系到安装的成本、质量、安全等。

　　多高层钢结构安装，起重机除满足吊装钢构件所需的起重量、起重高度、回转半径外，还必须考虑抗风性能、卷扬机滚筒的容绳量、吊钩的升降速度等因素。

　　起重机数量的选择应根据现场施工条件、建筑布局、单机吊装覆盖面积和吊装能力综合决定。多台塔式起重机共同使用时防止出现吊装死角。

　　起重机械应根据工程特点合理选用，通常首选塔式起重机，自升式塔式起重机根据现场情况选择外附式或内爬式。行走式塔式起重机或履带式起重机、汽车起重机在多层钢结构施工中也较多使用。

　　在多层与高层钢结构施工中，除了塔式起重机、汽车起重机、履带起重机外，还会用到以下一些机具，如千斤顶、电动葫芦、卷扬机、滑车及滑车组、电焊机、栓钉熔焊机、电动扳手、全站仪等。多层与高层钢结构工程施工中，钢构件在加工厂制作，现场安装，工期较短，机械化程度高，采用的机具设备较多。因此在施工准备阶段，根据现场施工要求，编制施工机具设备需用计划，同时根据现场施工现状、场地情况，确定各机具设备进场日期、安装日期及临时堆放场地，确保在不影响其他单位的施工活动的同时，保证机具设备按现场安装施工要求安装到位。

　　3. 劳动力准备

　　所有生产工人都要进行上岗前培训，取得相应资质的上岗证书，做到持证上岗。尤其是焊工、起重工、塔式起重机操作工、塔式起重机指挥工等特殊工种。

　　4. 关键要求

　　（1）技术关键要求

　　在多层与高层钢结构工程现场施工中，吊装机具的选择，吊装方案、测量监控方案、焊接方案等的确定尤为关键。

　　（2）质量关键要求

　　在多层与高层钢结构工程现场施工中，节点处理直接关系结构安全和工程质量，必须合理处理，严把质量关。对焊接节点处必须严格按无损检测方案进行检测，必须做好高强度螺栓连接副和高强度螺栓连接件抗滑移系数的试验报告。对钢结构安装的每一步都应做好测量监控。

　　（3）职业健康安全关键要求

　　在多层与高层钢结构工程现场施工中，高空作业较多，必须编制安全方案，做好安全措施。高空作业必须使用"三宝"，必须做好"四口""五临边"的防护工作，组织员工定期进行体检。

3.11 多高层钢结构工程施工安全保证

　　"三宝"即安全帽、安全带、安全网；"四口"即楼梯口、电梯井口、预留洞口、通道口；"五临边"即尚未安装栏杆的阳台周边、无外架防护的层面周边、框架工程楼层周边、上下跑道及斜道的两侧边、卸料平台的侧边。

（4）环境关键要求

在多层与高层钢结构工程现场施工中，对于施工中和施工完后所产生的施工废弃物，如钢材边角料、废旧安全网等，应集中回收、处理。

对于焊接中产生的电弧光，应采取一定的防护措施。

5. 协调准备

协调准备主要是按合同要求确定设计、监理、总包、构件制作厂、钢结构安装单位的工作程序，大型构件运输同相关部门协调，混凝土基础、预埋件、钢构件验收协调，混凝土同钢结构施工交叉协调等工作。

（1）钢结构安装在建筑施工中是一项特殊工艺，协调工作量大，协调准备首先需要建立正常的工作程序，并在施工中落实。

（2）同总包协调施工平面规划、测量控制网、混凝土基础及预埋件验收等内容，构件堆场及文明施工要求等。

（3）同钢结构加工厂协调钢构件进场安排、加工顺序、配合预拼装、构件加工质量检查等内容。

（4）超长、超高、超重钢构件运输路线、时间，同运输单位及交管部门协调，确保运输安全。

（5）钢结构安装单位协调施工中不同专业人员的配合作业，协调劲性混凝土、钢管混凝土、组合结构混凝土施工间的交叉作业，达到资源的最佳配置。

3.4.2　钢框架结构工程的安装

钢框架结构安装流水段的划分，一般是沿高度方向划分，以一节柱高度内所有结望作为一个安装流水段。钢柱的分节长度取决于加工条件、运输工具和钢柱重量。长度一般为 12m 左右，重量不大于 15t，一节柱的高度多为 2～4 个楼层。

多层与高层钢框架结构安装工艺流程图如图 3-46 所示。

多层与高层钢结构吊装按吊装程序进行，吊装顺序原则采用对称吊装、对称固定。一般按程序先划分吊装作业区域，按划分的区域、平行顺序同时进行。当一片区吊装完毕后，即进行测量、校正、高强度螺栓初拧等工序，待几个片区安装完毕，再对整体结构进行测量、校正、高强度螺栓终拧、焊接。接着进行下一节钢柱的吊装，如图 3-47 所示。

多层与高层钢结构吊装，在分片分区的基础上，多采用综合吊装法，其吊装程序一般是：

平面从中间或某一对称节间开始，以一个节间的柱网为一个吊装单元，按钢柱→钢梁→支撑顺序吊装，并向四周扩展，垂直方向由下至上组成稳定结构后，分层安装次要结构，逐节间钢构件、逐楼层安装完，采取对称安装、对称固定的工艺，有利于消除安装误差积累和节点焊接变形，使误差降低到最小限度。

1. 钢柱的安装

钢柱多采用实腹式，实腹钢柱截面多为工字形、箱形、十字形、圆形。钢柱多采用焊接对接接长，也有采用高强度螺栓连接接长。劲性柱与混凝土采用熔焊栓钉连接。

3.12　钢框架结构的安装

```
钢构件运至中转库 ─────┐                   准备工作 ←──── 检查吊装设备、工具数量完好情况
                    │                     │
构件分类、检查配套 ────┤          放线及验线(轴线标高)        高强度螺栓及摩擦面复试
                    │                     │
    检修构件 ──────┤          预埋螺栓验收及钢筋混凝土基    特殊工种复试：焊工、电工、超探
                    │          础面处理                  工、起重工、塔式起重机操作工、
按吊装顺序运至现场分   │                     │              测量工
类堆放 ──────────┘          构件中心及标高标识 ←──────── 检查吊装设备、工具数量完好情况
```

调整标高、轴线、坐标、   ──→ 安装柱、梁核心框架 ←──── 安装操作吊栏及通道
垂直度、全站仪、经纬
仪、水准仪跟踪观测   高强度螺栓初、复拧

                                                        提出校正复测记录，
框架整体校正   ──→   柱与柱节点焊接 ←────── 对超差进行校正

                          梁与柱、梁与梁节点焊接 ←── 碳弧气刨

                                                 焊接顺序：上层→下层→中层
                            超声波探伤 ─────→ 提出焊缝超声波探伤报告

提出校正复测记录，   零星构件(隔撑)安装   合格   不合格
对超差进行校正 ──────→

                            安装压型钢板

                            焊接螺栓、螺钉

                          下一节流水段准备工作

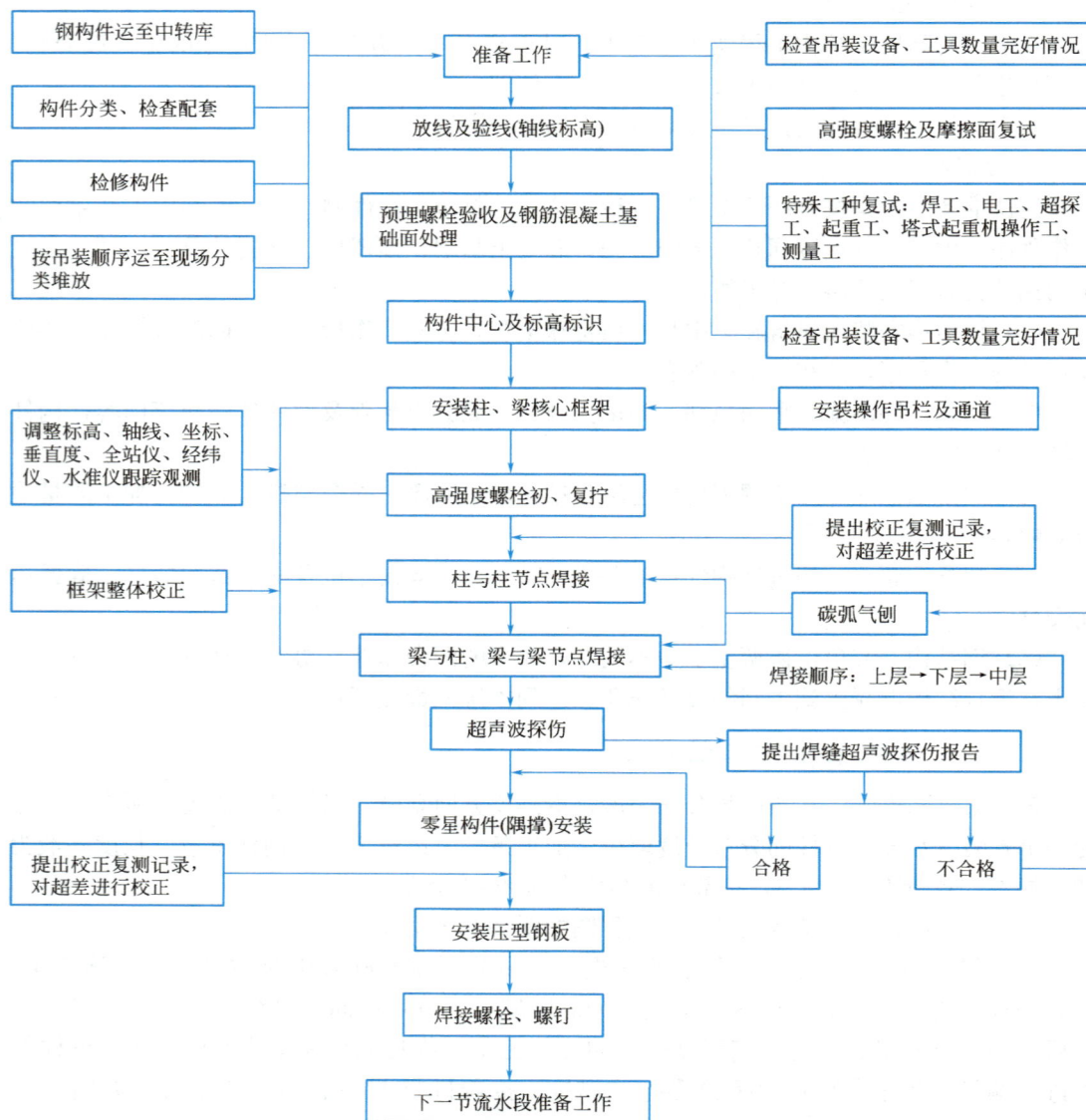

图 3-46　多层与高层钢框架结构安装工艺流程

（1）吊点设置

吊点位置及吊点数根据钢柱形状、断面、长度、起重机性能等具体情况确定。吊点一般采用焊接吊耳、吊索绑扎、专用吊具等。

钢柱一般采用一点正吊。吊点设置在柱顶处，吊钩通过钢柱重心线，钢柱易于起吊、对线、校正。当受起重机臂杆长度、场地等条件限制，吊点可放在柱长 1/3 处斜吊。由于钢柱倾斜，起吊、对线、校正较难控制。

（2）起吊方法

钢柱一般采用单机起吊，也可采取双机抬吊。起吊时钢柱必须垂直，尽量做到回转扶直。起吊回转过程中应避免同其他已安装的构件相碰撞，吊索应预留有效高度。

图 3-47　钢柱的吊装及安装

钢柱扶直前应将登高爬梯和挂篮等挂设在钢柱预定位置并绑扎牢固，起吊就位后临时固定地脚螺栓、校正垂直度。钢柱接长时，钢柱两侧装有临时固定用的连接板，上节钢柱对准下节钢柱柱顶中心线后，即用螺栓固定连接板临时固定。钢柱安装到位，对准轴线、临时固定牢固后才能松开吊索。

（3）钢柱校正

钢住校正要做三件工作：柱基标高调整，柱基轴线调整，柱身垂直度校正。

依工程施工组织设计要求配备测量仪器配合钢柱校正。

1）柱基标高调整（图 3-48）

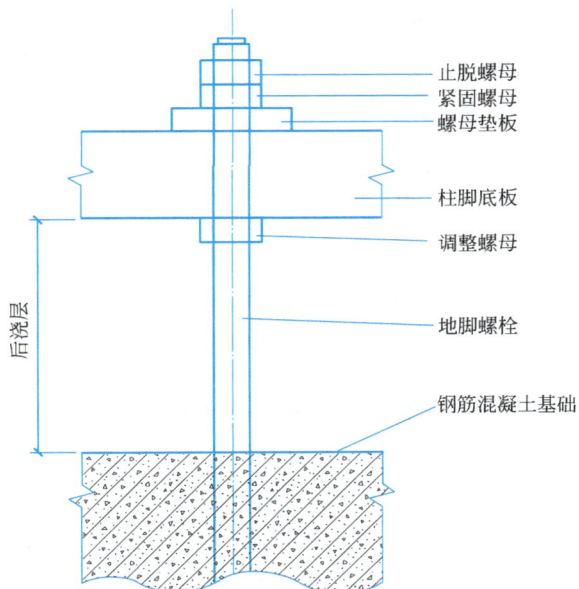

图 3-48　柱基标高调整示意图

钢柱标高调整主要采用螺母调整和垫铁调整两种方法。螺母调整是根据钢柱的实际长度，在钢柱底板下的地脚螺栓上加一个调整螺母，螺母表面的标高调整到与柱底板底标高齐平。如第一节钢柱过重，可在柱底板下、基础钢筋混凝土面上放置钢板，作为标高调整块用。放上钢柱后，利用柱底板下的螺母或标高调整块控制钢柱的标高（钢板调整标高：因为有些钢柱过重，螺栓和螺母无法承受其重量，故柱底板下需加设标高调整块），精度可达到1mm以内。柱底板下预留的空隙，可以用高强度、微膨胀、无收缩砂浆以赶浆法填实。当使用螺母作为调整柱底板标高时，应对地脚螺栓的强度和刚度进行计算。

对于高层钢结构地下室部分劲性钢柱，钢柱的周围都布满了钢筋，调整标高和轴线时，同土建交叉协调好才能进行。

2）第一节柱底轴线调整

钢柱制作时，在柱底板的四个侧面，用钢冲标出钢柱的中心线。

对线方法：在起重机不松钩的情况下，将柱底板上的中心线与柱基础的控制轴线对齐，缓慢降落至设计标高位置。如果钢柱与控制轴线有微小偏差，可借线调整。

预埋螺杆与柱底板螺孔有偏差，适当将螺孔放大，或在加工厂将底板预留孔位置调整，保证钢柱安装。

图 3-49　柱身垂直度校正

3）第一节柱身垂直度校正

柱身调整一般采用缆风绳或千斤顶，钢柱校正器等校正，如图3-49所示。用两台呈90°的径向放置经纬仪测量。地脚螺栓上螺母一般用双螺母，在螺母拧紧后，将螺杆的螺纹破坏或焊实。

4）柱顶标高调整和其他节框架钢柱标高控制

柱顶标高调整和其他节框架钢柱标高控制可以用两种方法：一是按相对标高安装；另一种是按设计标高安装，通常是按相对标高安装。钢柱吊装就位后，用大六角高强度螺栓临时固定连接，通过起重机和撬棍微调柱间间隙。量取上下柱顶预先标定的标高值，符合要求后打入钢楔、临时固定牢，考虑到焊缝及压缩变形，标高偏差调整至4mm以内。钢柱安装完后，在柱顶安置水准仪，测量柱顶标高，以设计标高为难。如标高高于设计值在5mm以内，则不需调整，因为柱与柱节点间有一定的间隙，如高于设计值5mm以上，则需用气割将钢柱顶部割去一部分，然后用角向磨光机将钢柱顶部磨平到设计标高。如标高低于设计值，则需增加上下钢柱的焊缝宽度，但一次调整不得超过5mm，以免过大的调整造成其他构件节点连接的复杂化和安装难度增大。

5）第二节柱轴线调整

上下柱连接保证柱中心线重合。上下钢柱初步对齐后，通过耳板采用双夹板和螺栓临时固定，上下柱对接位置一般设置在离吊装层楼面梁顶面1.0～1.3m处，以方便焊接。如有偏差，在柱与柱的连接耳板的不同侧面加入垫板（垫板厚度为0.5～1.0mm），拧紧大六角螺栓。钢柱中心线偏差调整每次3mm以内，如偏差过大分2～3次调整。

注：上一节钢柱的定位轴线不允许使用下一节钢柱的定位轴线，应从控制网轴线引至高空，保证每节钢柱的安装标准，避免过大的积累误差。

6）第二节钢柱垂直度校正

钢柱垂直度校正的重点是对钢柱有关尺寸预检。下层钢柱的柱顶垂直度偏差就是上节钢柱的底部轴线、位移量、焊接变形、日照影响、垂直度校正及弹性变形等的综合。可采取预留垂直度偏差值消除部分误差。预留值大于下节柱积累偏差值时，只预留累计偏差值，反之则预留可预留值，其方向与偏差方向相反，如图 3-50 所示。

安装标准化框架的原则：在建筑物核心部分或对称中心，由框架柱、梁、支撑组成刚度较大的框架结构，作为安装基本单元，其他单元依此扩展。

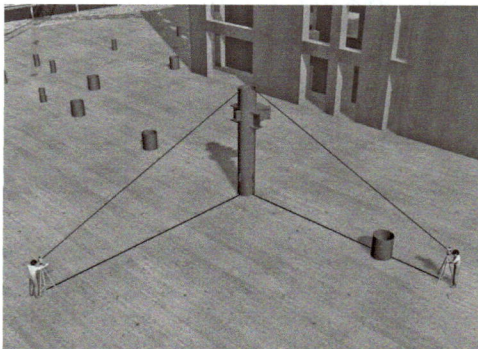

图 3-50　第二节钢柱垂直度及标高测量

标准柱的垂直度校正：采用径向放置的两台经纬仪对钢柱及钢梁观测。钢柱垂直度校正可分两步。

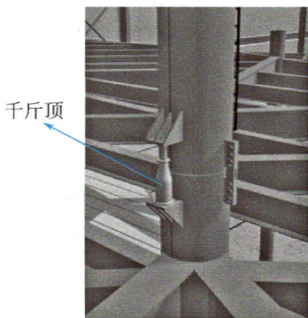

图 3-51　千斤顶调整钢柱垂直度及标高

第一步：采用无缆风绳校正。在钢柱偏斜方向的一侧打入钢楔或顶升千斤顶。在保证单节柱垂直度不超过规范的前提下，将柱顶偏移控制到零，最后拧紧临时连接耳板的大六角螺栓，如图 3-51 所示。

第二步：安装标准框架的梁。先安装上层梁，再安装中、下层梁，安装过程会对柱垂直度有影响，采用钢丝绳缆索（只适宜跨内柱）、千斤顶、钢楔和手拉葫芦进行调整，其他框架柱依标准框架体向四周发展，其做法同上。

注：每个吊装层的所有钢柱安装并校正后进行焊接。每层的钢柱整体焊接顺序为钢柱间隔对称施焊，但必须和下一个安装单元的焊接顺序交替出现，即"隔层错位"焊接。钢柱采用两人同时分段对称施焊的方式进行，即 1、2 同时对称焊，如图 3-52 所示。在风雨天气，对钢柱进行对接焊接时，为了防风防雨并保证焊接质量，要设置防风防雨棚，如图 3-53 所示。

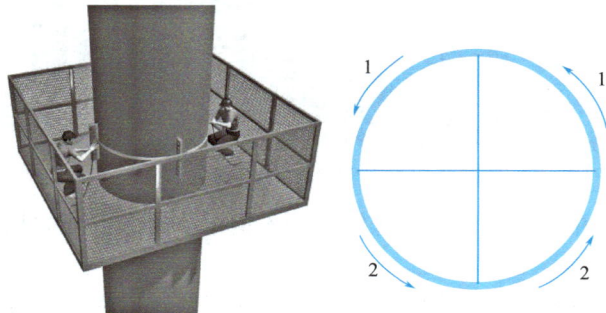

图 3-52　钢柱施焊示意图

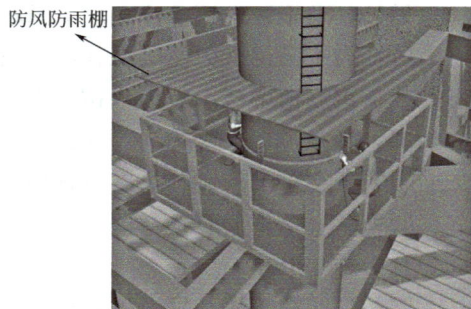

图 3-53　防风防雨棚

2. 框架梁安装

框架梁和柱连接通常为上下翼板焊接、腹板栓接；或者全焊接、全栓接的连接方式。

（1）钢梁吊装宜采用专用吊具，两点绑扎吊装。吊升中必须保证使钢梁保持水平状态。一机吊多根钢梁时绑扎要牢固，安全，便于逐一安装。

图 3-54　钢梁安装

（2）一节柱一般有 2～4 层梁，原则上横向构件由上向下逐层安装，由于上部和周边都处于自由状态，易于安装和控制质量。通常在钢结构安装操作中，同一列柱的钢梁从中间跨开始对称地向两端扩展安装，同一跨钢梁，先安上层梁再装中下层梁，如图 3-54 所示。

（3）在安装柱与柱之间的主梁时，测量必须跟踪校正柱与柱之间的距离，并预留安装余量，特别是节点焊接收缩量。达到控制变形，减小或消除附加应力的目的。

（4）柱与柱节点和梁与柱节点的连接，原则上对称施工，互相协调。对于焊接连接，一般可以先焊一节柱的顶层梁，再从下向上焊接各层梁与柱的节点。柱与柱的节点可以先焊，也可以后焊。混合连接一般为先栓后焊的工艺，螺栓连接从中心轴开始，对称拧固。钢管混凝土柱焊接接长时，严格按工艺评定要求施工，确保焊缝质量。

（5）次梁根据实际施工情况逐层安装完成。

3. 楼板的安装

一节柱的一层梁安装完后，立即安装本层的楼梯及压型钢板，楼面堆放物不能超过钢梁和压型钢板的承载力；钢构件安装和楼层钢筋混凝土楼板的施工，两项作业相差不宜超过 5 层，当必须超过 5 层时，应通过设计单位认可。

组合楼盖则根据现场实际情况进行压型钢板吊放和铺设工作，如图 3-55 所示。

钢筋桁架混凝土现浇板的施工应遵守以下操作程序：拟定施工计划→楼承板进场、起吊→楼承板安装→附加钢筋绑扎及管线敷设→栓钉焊接→边模安装→隐蔽工程验收→混凝土浇筑。另外，在施工中还应注意以下问题：

（1）为了满足受力及确保在浇筑混凝土时不漏浆，钢筋桁架楼承板伸入钢梁上翼缘边缘的长度，必须满足设计要求。在任何情况下，钢筋桁架在钢梁上的搁置长度不宜小于 $5d$（d

图 3-55　楼承板安装

为钢筋桁架下弦钢筋直径）及 50mm 两者中的较大值；镀锌钢板伸入钢梁上翼缘边缘的长度不宜小于 30mm。

（2）钢筋桁架楼承板就位后，应立即将其端部竖向钢筋与钢梁点焊牢固；沿板宽度方向，将底模与钢梁点焊，焊接采用手工电弧焊，间距不大于 300mm。待铺设一定面积后，必须及时绑扎板底筋，以防钢筋桁架侧向失稳；同时必须及时按设计要求设临时支撑，并确保支撑稳定、可靠。

（3）避免在钢筋桁架楼承板上有过大集中荷载。禁止随意切断钢筋桁架上的任何杆件。楼板开孔处，必须按设计要求设洞边加强筋及边模，待楼板混凝土达到设计强度时，方可切断钢筋桁架的钢筋。遇平面形状变化处，可将钢筋桁架端部切割，补焊端部支座钢筋后再安装。

（4）板中敷设管线，正穿时可采用刚性管线，斜穿时由于钢筋桁架的影响，宜采用柔韧性较好的材料。由于钢筋桁架间距有限，应尽量采用直径较小的管线，分散穿孔预埋，避免多根管线集束预埋。电气接线盒的预留预埋，可事先将其在底模上固定。

（5）边模板是阻止混凝土渗漏的关键部件，将边模板紧贴钢梁面，边模板下端与钢梁表面每隔 300mm 间距点焊。边模板上端需利用钢筋与栓钉焊接。

4. 劲性混凝土钢结构安装

劲性混凝土结构分为埋入式和非埋入式两种。埋入式构件包括劲性混凝土梁、柱及剪力墙、钢管混凝土柱、内藏钢板剪力墙等；非埋入式构件包括钢筋混凝土组合梁、压型钢板组合楼板。劲性混凝土结构的钢构件分为实腹式和格构式，以实腹式为主。

劲性混凝土结构框架一般分为：劲性混凝土柱-劲性混凝土梁，劲性混凝土柱-混凝土梁结构两种形式，其中钢构件连接多采用高强度螺栓连接。

劲性混凝土结构施工工艺：基础验收→钢结构柱安装→钢结构梁安装→钢筋绑扎→支模板、浇筑混凝土。

劲性混凝土结构钢柱截面形式多为"＋""L""T""H""○""口"形等几种形式，和混凝土接触面的熔焊栓钉多在钢构件出厂时施工完毕。构件运到施工现场，验收合格，安装、校正、固定方法和框架结构相同，如图 3-56 所示。

对于劲性混凝土中的钢结构梁的安装方法和框架梁安装方法一致。无框架梁的结构，为保证钢柱的空间位置，要增设支撑体系固定钢构件，确保钢柱安装、焊接后空间位置准确。

钢结构梁上面的熔焊栓钉一般在工厂加工。无梁劲性混凝土钢柱和混凝土梁的连接较复杂，特别是箍筋和主筋穿柱和梁时位置较复杂，工艺交叉多，处理要细致，钢筋要贯通。混凝土梁的浇筑最好和柱混凝土浇筑要错开，避免混凝土产生裂缝。

图 3-56　劲性混凝土结构钢柱安装

钢结构构件安装完成后，进行钢筋绑扎、混凝土浇筑。对于钢管混凝土结构，每层楼的钢管柱安装、固定、校正后，采用合理的工艺确保焊接变形受控。然后绑扎钢筋，一般钢管柱内外设有柱端连接竖筋，穿柱、梁主筋，柱梁接点处加强环形钢筋等。钢管安装后，进入柱内绑扎环形箍筋，完成后进行下道工序。

混凝土浇捣过程中，需要检查劲性混凝土柱、梁的空间位置，符合要求后，进行上层柱、梁施工。

5. 钢框架结构涂装施工

（1）防腐涂装：钢结构构件除现场焊接等部位不在制作厂涂装外，其余部位均在制作厂内完成底漆、中间漆涂装，所有构件面漆待钢构件安装后进行涂装。

（2）防火涂装：钢结构的防火涂装一般均在施工现场施工。

3.4.3 钢框架结构工程的验收

钢框架结构安装质量验收依据《钢结构工程施工质量及验收标准》GB 50205—2020。验收合格后必须整理竣工资料，竣工资料包括以下内容：设计变更通知，设计交底记录，现场签证，竣工图，钢材材质证明，钢构件加工制作质量验收单，钢索用料材质证明，钢索、索头质保单及索体加工制作质量验收单，吊装、焊接、测量、探伤、抗滑移系数试验，高强度螺栓质保单、栓钉质保单，建设单位要求提供的其他资料。竣工验收同样按GB 50205—2020 的规定，组织验收并提供相关的文件和记录。

3.13　高强度螺栓
抗滑移试验

3.14　焊钉拉伸
试验

项目拓展

1. 实地参观钢框架结构工程施工现场，对钢框架结构工程施工安装及验收知识进一步熟悉。

2. 借助互联网了解更多的钢框架结构工程施工实例。

3. 查找高耸钢结构建筑工程实例资料，了解高耸结构的施工知识。

项目巩固

绘制本项目学习内容的思维导图。

实训课题

钢框架结构验收。

实训目的

使学生能够依据实训指导图、《钢结构工程施工质量验收标准》GB 50205—2020 进行验收，并熟练掌握钢框架结构验收方法。

实训程序

1. 老师讲解安全规程和注意事项。

2. 老师讲解钢框架结构验收方法。

3. 学生以小组为单位进行验收。

4. 每组每位学生写一份实训报告，并以小组为单位汇报。

模块小结

本学习模块主要按照钢框架结构图纸识读→钢框架结构加工制作→钢框架结构拼装与施工安装→钢框架结构验收的工作过程对钢框架结构特点与构造、加工制作设备选择、加工制作工艺与流程、拼装与施工安装方法和验收内容等结合《钢结构工程施工质量验收标准》GB 50205—2020 的规定进行了阐述和讲解，以便学生最终形成钢框架结构加工制作方案、施工安装方案及付诸实施的职业能力。

模块巩固

一、判断题（对的打√，错的打×）

1. 钢柱的校正工作主要是校正垂直度和复查标高。　　　　　　　　　　　　　（　　）

2. 钢柱垂直度校正时所采用的仪器为水准仪、吊线和钢尺等。　　　　　　　　（　　）

3. 全站仪由于只需一次安置，仪器便可以完成测站上所有的测量工作，故被称为"全站仪"。　　　　　　　　　　　　　　　　　　　　　　　　　　　　　　　（　　）

4. 钢柱起吊前，应从柱底板向上 500～1000mm 处，画一水平线，以便安装固定前后作复查平面标高基准面。　　　　　　　　　　　　　　　　　　　　　　　　　（　　）

5. 钢框架结构每个吊装层的所有钢柱安装并校正后进行焊接，每层的钢柱整体焊接顺序为钢柱间隔对称施焊，但必须和下一个安装单元的焊接顺序交替出现，即"隔层错位"焊接。钢柱采用两人同时分段对称施焊的方式进行，即 1、2 同时对称焊，如右图所示。　　　　　（　　）

6. 钢柱起吊前，在某固定位置处画一水平线，以便安装固定钢柱后复查标高，如下图所示。　　　（　　）

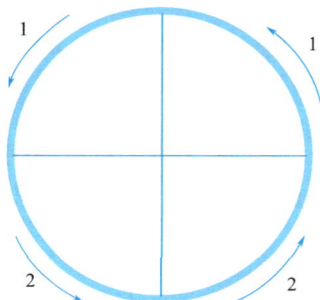

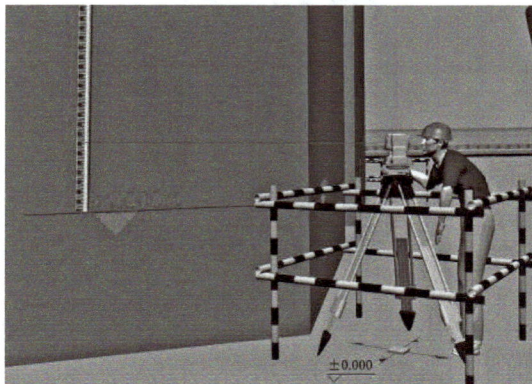

7. 压型钢板楼承板安装时，为了防止压型钢板变形，堆放和吊装时，压型钢板必须多层叠放在一起，如下图所示。（   ）

8. 钢柱吊装前需焊接好爬梯、操作篮和对接耳板，吊点设置在预先焊好的连接耳板处，首段钢柱与柱脚进行对接，可以设置临时缆风绳，并通过临时缆风绳进行垂直度调整，如下图所示。（   ）

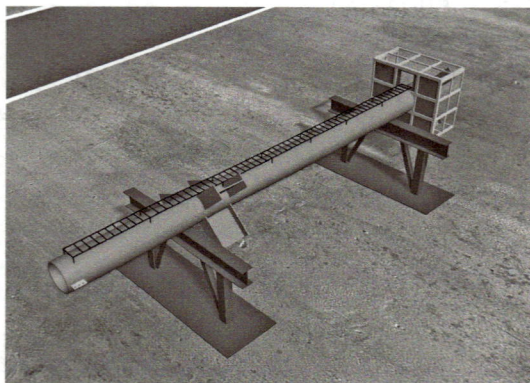

9. 钢框架柱的拼接采用焊接连接时，为了方便定位，一般在上下柱上焊接耳板，再通过连接夹板，采用临时螺栓固定调整好上下柱后进行焊接，如下图所示。（   ）

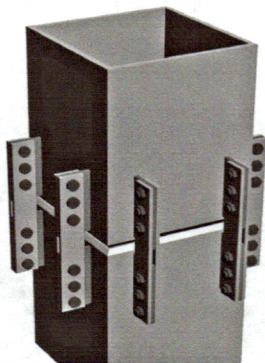

二、填空题

1. 塔桅结构常用的吊装方法有＿＿＿＿＿、＿＿＿＿＿和＿＿＿＿＿。

2. 钢塔桅结构吊装时采用的爬杆抱杆是由＿＿＿＿＿和＿＿＿＿＿两部分组成。

3. 钢柱常用的吊装方法有＿＿＿＿＿＿和＿＿＿＿＿＿。单层轻钢结构柱宜采用＿＿＿＿＿＿法吊装。

4. 钢柱的校正工作一般包括＿＿＿＿＿＿、＿＿＿＿＿＿和＿＿＿＿＿＿这三个内容。

5. 高层建筑组合楼层的构造形式为＿＿＿＿＿＿，这样楼层结构由＿＿＿＿＿＿将钢筋混凝土压型钢板。

6. 钢框架结构工程安装时，上下钢柱初步对齐后，通过耳板采用双夹板和螺栓临时固定，上下柱对接位置一般设置在离吊装层楼面梁顶面＿＿＿＿＿＿m 处，以方便焊接。

7. 钢框架结构工程安装钢柱时，临时固定钢柱后，观测上段柱四周中心线是否与下段柱对齐，通过另外基点采用＿＿＿＿＿＿对钢柱进行垂直度及标高的复核，如下图所示。

8. 钢框架结构工程钢柱安装过程中，利用钢契块或＿＿＿＿＿＿等设备对钢柱垂直度及标高进行调整，如下图所示。

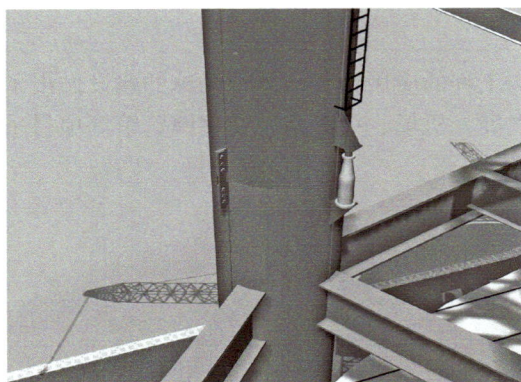

9. 钢框架结构工程钢梁安装时，大六角头型高强度螺栓的安装方法有＿＿＿＿＿＿法和＿＿＿＿＿＿法两种。

10. "安全第一，预防为主"是工程施工的安全教育方针，多高层建筑工程施工时，为了保证安全，必须严格遵守"三宝""四口""五临边"的安全管理规定。"三宝"是指＿＿＿＿＿＿、＿＿＿＿＿＿、＿＿＿＿＿＿，"四口"是指＿＿＿＿＿＿、＿＿＿＿＿＿、＿＿＿＿＿＿和＿＿＿＿＿＿（有的还包括笼口和井口），"五临边"是指＿＿＿＿＿＿、＿＿＿＿＿＿、＿＿＿＿＿＿、＿＿＿＿＿＿、＿＿＿＿＿＿。

模块 4

Modular 04

桁架结构工程施工

▶▶

学习目标

通过本模块单元的学习，熟悉管桁架结构分类、力学特点；明确管桁架结构组成；正确识读管桁架结构施工图、加工图；进行管桁架结构工程量统计；熟悉管桁架结构加工设备性能及正确选择设备；编制管桁架结构加工方案并组织实施；进行管桁架拼装并进行质量控制；编制管桁架结构施工安装方案并组织实施；组织管桁架结构的验收。

能力目标

本模块旨在培养学生从事管桁架识图、加工制作与施工安装方面的技能，通过课程讲解使学生掌握管桁架的组成、构造、加工工艺、施工安装方法等知识；通过动画、录像、实操训练等强化学生从事管桁架加工制作与施工安装的技能。

素质目标

使学生了解桁架结构工程的应用为我国体育场馆的建设做出了突出的贡献，同时随着交通、旅游文化事业的发展，机场、火车站、文化博览馆等项目采用桁架结构工程，实现各项事业的发展目标。

思维导图

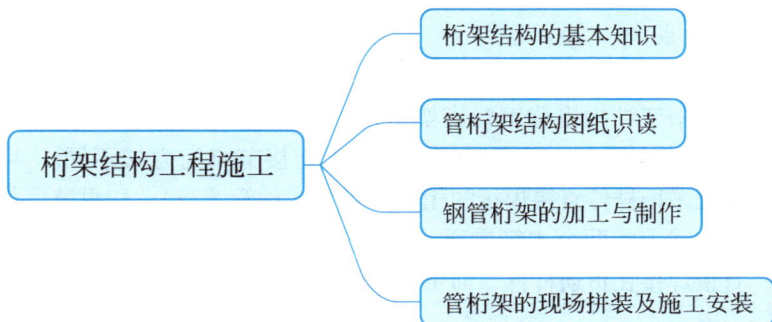

4.1　桁架结构的基本知识

学习目标

熟悉管桁架结构体系组成、材料、分类、力学特点等。

能力目标

具备区分管桁架结构体系组成、材料、分类等的能力。

4.1.1　桁架结构的特点及应用

桁架结构的空间刚度大、整体性好、抗震能力强、自重轻、用钢量省，既适用于中小跨度，也适用于大跨度的各类建筑，可满足各种造型的建筑艺术要求。

由于桁架结构的诸多优点，体育场馆、会展中心、博览馆、机场航站楼、火车站等使用空间要求大的公共建筑多采用桁架结构，如图 4-1 所示。

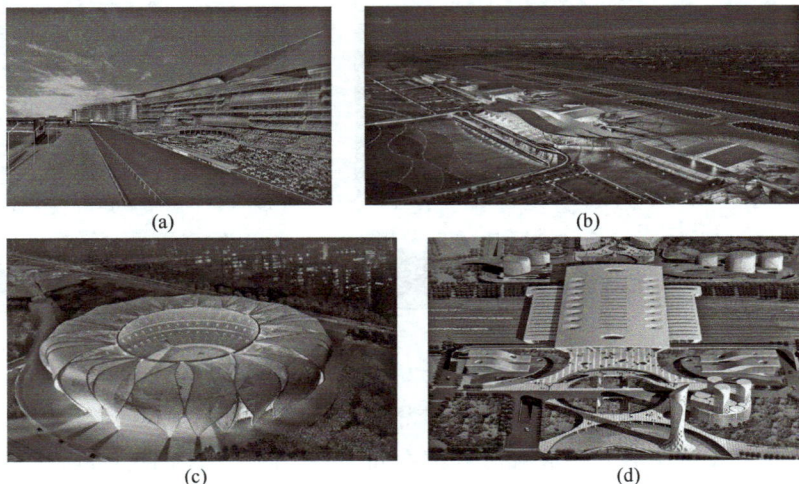

(a)

(b)

(c)

(d)

图 4-1　桁架结构应用实例

（a）迪拜跑马场；（b）长沙黄花机场；（c）杭州火车东站；（d）杭州奥体中心

4.1.2 桁架结构的组成与形式

1. 桁架结构的组成

桁架是指由杆件在端部相互连接而组成的格子式结构，由上弦杆、下弦杆和腹杆组成。管桁架结构也称钢管桁架结构、管结构，是指杆件均为圆或方管杆件的桁架结构。与一般桁架的区别在于连接节点的方式不同，管桁架结构在节点处采用杆件直接焊接的相贯节点（或称管节点）。相贯节点处，只有在同一轴线上的两个主管贯通，其余杆件（即支管）通过端部相贯线加工后，直接焊接在贯通杆件（即主管）的外表，如图 4-2 所示。

4.1 桁架结构的特点及应用

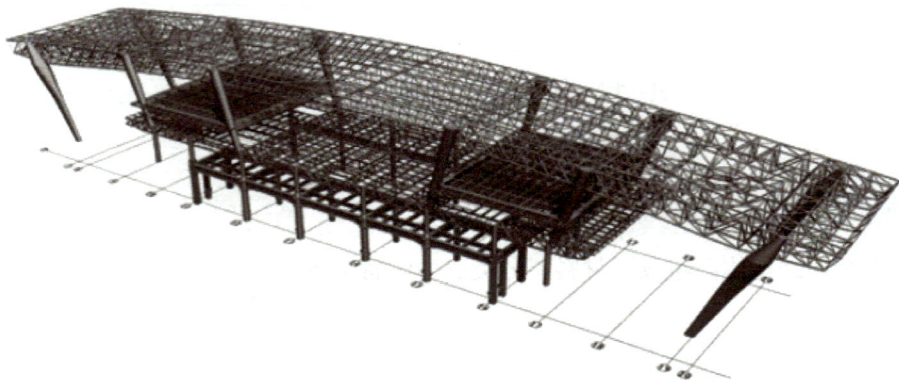

图 4-2 管桁架结构的组成示意图

2. 桁架结构的形式

（1）按管桁架受力特性和杆件布置分类

根据受力特性和杆件布置不同，管桁架分为平面管桁架结构和空间管桁架结构，如图 4-3 所示。

(a)　　　　　　　　　　　　(b)

图 4-3 按管桁架受力特征和杆件布置分类

（a）平面管桁架；（b）空间管桁架

平面管桁架结构的上弦、下弦和腹杆都在同一平面内，结构平面外刚度较差，一般需要通过侧向支撑保证结构的侧向稳定。

空间管桁架结构截面常见的有三角形和四边形，三角形分正三角和倒三角两种。

（2）按桁架的外形分类

按桁架的外形分类，分为直线型桁架与曲线型桁架结构两种，如图 4-4 所示。

(a) (b)

图 4-4　按管桁架外形分类

（a）直线型管桁架；（b）曲线型管桁架

为了满足空间造型的多样性，管桁架结构多做成各种曲线形状，丰富结构的立体效果。当设计曲线型管桁架结构时，有时为了降低加工成本，杆件仍然加工成直杆，由折线近似代替曲线。如果要求较高，可以采用弯管机将钢管弯成曲管，这样可以获得更好的建筑效果。

4.2　桁架结构
的组成与形式

4.1.3　管桁架的材料

我国的建筑用钢主要有碳素结构钢和低合金高强度结构钢两种。优质碳素结构钢在冷拔碳素钢丝和连接用紧固件中也有应用。另外，厚度方向性能钢板、焊接结构用耐候钢、铸钢等在某些情况下也有应用。随着人们对建筑美学要求的提高，建筑造型奇特复杂，为了满足建筑造型要求，桁架结构设计多采用管桁架，管桁架构件采用方管和圆管，根据成型方式的不同，圆钢管有无缝钢管和焊接钢管两种，如图 4-5 所示。

(a) (b)

图 4-5　圆钢管

（a）无缝钢管；（b）焊接钢管

项目拓展

1. 现场实地参观桁架结构建筑。

2. 借助互联网了解更多桁架结构实际工程的应用。

项目巩固

绘制本项目的知识点思维导图。

4.2 管桁架结构图纸识读

学习目标

正确识读管桁架结构设计图与加工图并组织图纸会审与交底。

能力目标

具备识读管桁架结构设计图与加工图并组织图纸会审与交底的能力。

4.2.1 管桁架结构施工图识读内容

由教师分别选取平面管桁架，三角断面管桁架结构的典型工程图纸（包括设计图与深化图）供学生进行识图实际训练，管桁架结构图纸识读除读懂管桁架结构整体布置情况、支座节点、相贯节点、铸钢件节点、材料类别等细节外，施工安装人员还应读懂结构整体受力及变形特点以确定安装方式和工序。

4.2.2 管桁架结构的连接

1. 管桁架杆件的连接

当桁架为管桁架时，在节点处采用杆件直接焊接相贯节点，相贯节点处，只有在同一轴线上的两个主管（即弦杆）贯通，支管（即腹杆）通过端部相贯线加工后，直接焊接在贯通主管（即弦杆）上，如图 4-6 所示。

由于桁架结构跨度大，同时为了满足运输和安装要求，桁架的弦杆通常需要拼接接长，拼接时先通过对接耳板固定，然后采用全熔透对接焊，焊接完成后割除对接耳板，如图 4-7 所示。

图 4-6　相贯线节点

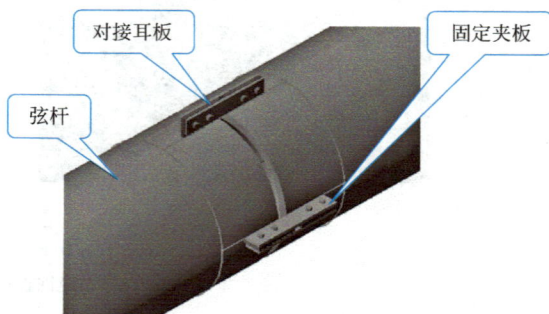

图 4-7　钢管对接焊接示意图

桁架钢管对接焊接时，为了避免焊接变形，采取 2 个人分段对称焊的方式进行，即先

1、2 同时对称焊，再 3、4 同时对称焊，如图 4-8 所示。

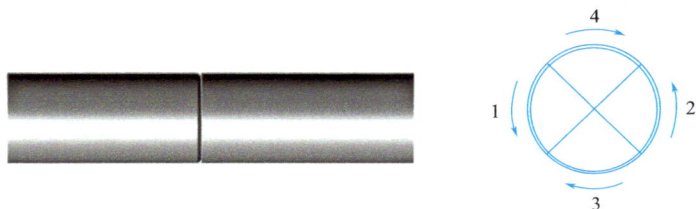

图 4-8　桁架钢管的对接焊接顺序示意图

当多根桁架杆件相交时，相贯线焊接难度大且不容易满足焊接质量要求，为了方便施工和满足质量要求，可采用铸钢节点替代相贯线节点，桁架杆件与铸钢件对接焊接，如图 4-9、图 4-10 所示。

图 4-9　铸钢件节点

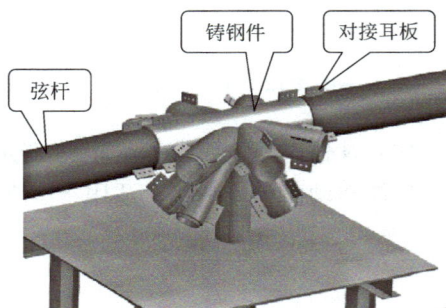

图 4-10　杆件与铸钢件连接示意图

2. 桁架结构的支座形式

桁架结构的支座一般采用铰支座。常见的支座形式有平板压力支座、平板拉力支座、单面弧形压力支座 、单面弧形拉力支座、双面弧形压力支座、球铰压力支座、板式橡胶支座等。

（1）平板压力（或拉力）支座（如图 4-11 所示）

角位移受到很大的约束，只适用于较小跨度的桁架。

（2）单面弧形压力支座（如图 4-12 所示）

角位移未受约束，适用于中小跨度的桁架。

（3）单面弧形拉力支座（如图 4-13 所示）

适用于较大跨度桁架，在承受拉力的锚栓附近应设加劲肋以增强节点刚度。

图 4-11　平板压力（或拉力）支座

（4）双面弧形压力支座（如图 4-14 所示）

支座和底板间设有弧形块，上下面都是柱面，支座既可转动又可平移。

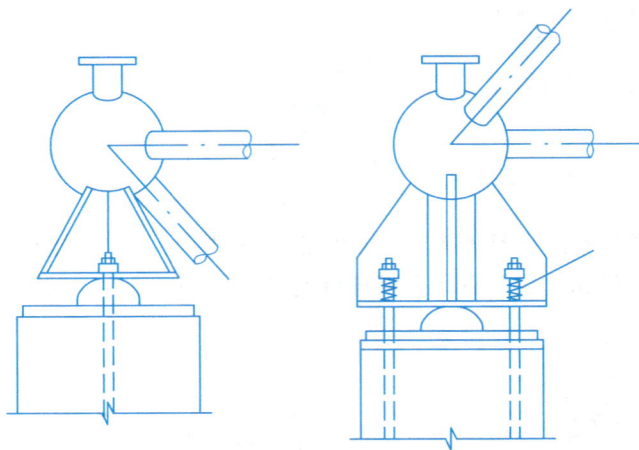

图 4-12　单面弧形压力支座示意图

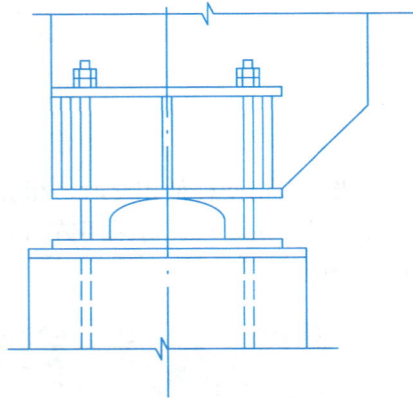

图 4-13　单面弧形拉力支座示意图

（5）球铰压力支座（如图 4-15 所示）

只能转动而不能平移，适用于多支点支承的大跨度桁架。

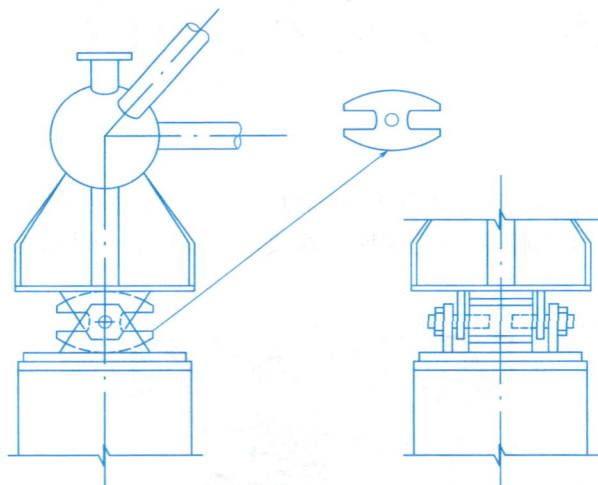

图 4-14　双面弧形压力支座示意图

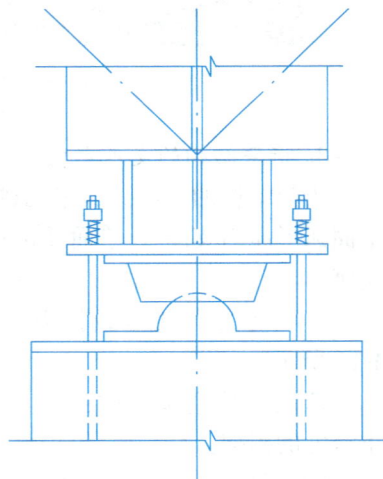

图 4-15　球铰压力支座示意图

（6）板式橡胶支座（如图 4-16 所示）

通过橡胶垫的压缩和剪切变形，支座既可转动又可平移。如果在一个方向加限制，支座为单向可侧移式，否则为两向可侧移式。

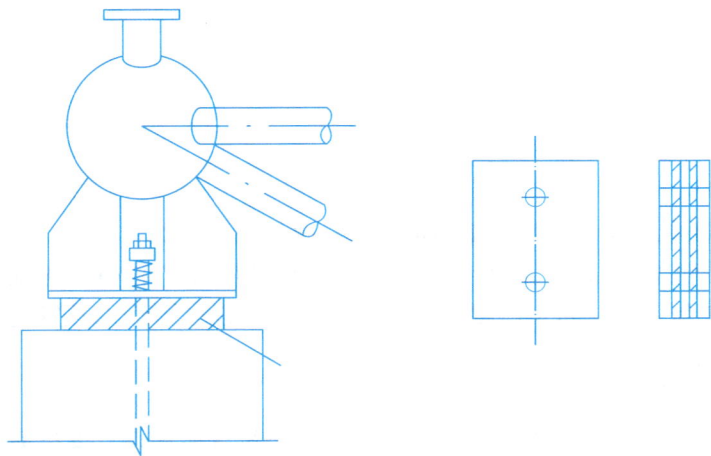

图 4-16　板式橡胶支座示意图

4.3　桁架结构的连接与构造

4.4　桁架结构的连接与构造实例

项目拓展

1. 现场实地参观桁架结构建筑，对桁架结构的连接与构造进一步熟悉。
2. 借助互联网了解更多的桁架结构实际工程案例。

项目巩固

绘制本项目学习内容的思维导图。

实训课题

桁架结构图纸识读训练。

实训目的

能够熟练识读桁架结构施工图及深化图。

实训程序

1. 老师讲解看图的要领，介绍施工图的组成，强调识图注意事项。
2. 到类似工程工地参观后进一步识读施工图。
3. 每组每位学生写一份实训报告，并以小组为单位汇报。

4.3　钢管桁架的加工与制作

学习目标

掌握管桁架结构构件的加工制作流程与加工工艺；能编制管桁架结构加工制作方案。

能力目标

具备编制管桁架结构加工制作方案的能力并付诸实施。

4.3.1 管桁架结构加工前准备

1.图纸审查

一般设计院提供的设计图不能直接用来加工制作钢结构，而是要考虑加工工艺，如公差配合、加工余量、焊接控制等因素后，在原设计图的基础上绘制加工制作图（又称施工详图）。详图设计一般由加工单位负责进行，应根据建设单位的技术设计图纸以及发包文件中所规定的规范、标准和要求进行。

图纸审核的主要内容包括以下项目：

（1）设计文件是否齐全，设计文件应包括设计图、施工图、图纸说明和设计变更通知单等。

（2）构件的几何尺寸是否标注齐全。

（3）相关构件的尺寸是否正确。

（4）节点是否清楚，是否符合国家标准。

（5）标题栏内构件的数量是否符合工程的总数量。

（6）构件之间的连接形式是否合理。

（7）加工符号、焊接符号是否齐全。

（8）结合本单位的设备和技术条件考虑，能否满足图纸上的技术要求。

（9）图纸的标准化是否符合国家规定等。

审查图纸的目的，首先是检查图纸设计的深度能否满足施工的要求，如检查构件之间有无矛盾，尺寸是否全面等；其次是对工艺进行审核，如审查技术上是否合理，是否满足技术要求等。

如果是加工单位自己设计施工详图，又经过审批就可简化审图程序。图纸审核过程中发现的问题应报原设计单位处理，需要修改设计的应有书面设计变更文件。

2.图纸技术交底

图纸审查后要做技术交底准备，其内容主要有：

（1）根据构件尺寸考虑原材料对接方案和接头在构件中的位置。

（2）考虑总体的加工工艺方案及重要的工装方案。

（3）对构件的结构不合理处或施工有困难的地方，要与甲方或者设计单位做好变更签证的手续。

（4）列出图纸中的关键部位或者有特殊要求的地方，加以重点说明。

3.技术准备

（1）参与工程的技术人员应充分熟悉图纸，举行图纸会审，对发现的问题即时反馈给项目经理部，汇总后交设计处理。

（2）编制材料预算，按图纸材料表实际数量编制，材料余量由生产部门按规定计算。待工程合同正式生效后，由公司采购部门，根据设计院按设计施工翻样图计算出的料单，及时采购有关规格的钢材及其他辅材。

（3）技术人员、作业人员都必须备齐工程设计蓝图为现场主要施工图。

4. 加工场地准备

要根据产品的品种、特点和批量、工艺流程、产品的进度要求，每班的工作量、生产面积、现有生产设备和起重运输能力等来布置生产场地构件，堆放应提前确定场地。

加工场地布置的原则：

（1）根据流水顺序安排生产场地，尽量减少运输量，避免倒流水。

（2）根据生产需要合理安排操作面积，以保证操作安全并保证材料和零件的安全堆放。

（3）保证成品能顺利运出。

（4）有利供电、供气、照明线路的布置。

（5）加工设备布置要考虑留有一定间距，以便操作和堆放材料等。

5. 编制工艺规程

钢结构工程施工前，制作单位应按施工图纸和技术文件的要求编制出完备、合理的施工工艺规程，用于指导、控制施工过程。

工艺规程的主要内容包括：成品技术要求；关键零件的加工方法、精度要求、检查方法和检查工具；主要构件的工艺流程、工序质量标准、工艺措施（如组装次序、焊接方法等）；采用的加工设备和工艺设备。

编制工艺流程表（或工艺过程卡）基本内容包括：零件名称、件号、材料强度等级（牌号）、规格、件数、工序名称和内容、所用设备和工艺装备名称及编号、工时定额等。关键零件还要标注加工尺寸和公差，重要工序要画出工序图。

（1）编制工艺规程的依据

1）工程设计图纸及施工详图。

2）图纸设计总说明和相关技术文件。

3）图纸和合同中规定的国家标准、技术规范等。

4）制作单位实际能力情况等。

（2）制定工艺规程的原则

制定工艺规程的原则是在一定的生产条件下，操作时能以最快的速度、最少的劳动量和最低的费用，可靠地加工出符合图纸设计要求的产品，即要体现出技术先进、经济合理和良好的劳动条件及安全性。

4.3.2　管桁架结构的加工与制作

1. 相贯线切割设备

钢管相贯杆件的切割采用数控相贯线切割机，如图 4-17 所示。

2. 弯管设备

对于曲线形桁架需要对钢管进行弯弧，弯弧采用弯管机，如图 4-18 所示。

3. 相贯线切割的质量要求

钢管相贯线切割的允许偏差见《钢结构工程施工质量验收标准》GB 50205—2020。

4. 铸钢件的制作

对于强度、塑性和韧性要求更高的管桁架支座节点、张弦钢结构节点、较多根杆件汇交的节点和异形钢结构的节点采用铸钢件，如图 4-19 所示。铸钢件的产量仅次于铸铁，约占铸件总产量的 15%。按照化学成分铸钢可分为碳素铸钢和合金铸钢两大类。其中以碳素铸钢应用最广，占铸钢总产量的 80% 以上。

图 4-17　数控相贯线切割机

图 4-18　弯管机

(a)

(b)

图 4-19　铸钢节点

（a）铸钢支座节点；（b）多根杆件汇交铸钢节点

铸钢件生产设备主要有电弧炉、混砂炉、热处理炉等，如图 4-20 所示。

(a)

(b)

(c)

图 4-20　铸钢件生产设备

（a）电弧炉；（b）混砂炉；（b）热处理炉

4.3.3　成品检验、包装、运输和堆放

1. 钢构件成品检验

（1）成品检查

不同管桁架结构成品的检查项目各不相同，要依据各工程具体情况而定。若工程无特

殊要求，一般检查项目可按该产品的标准、技术图纸、设计文件的要求和使用情况而确定。成品检查工作应在材料质量保证书，工艺措施，各道工序的自检、专检等前期工作后进行。钢构件因其位置、受力等的不同，其检查的侧重点也有所区别。

（2）修整

构件的各项技术数据经检验合格后，加工过程中造成的焊疤、凹坑应予补焊并磨平，临时支撑、夹具应予割除。

铲磨后零件表面的缺陷深度不得大于材料厚度负偏差值的 1/2。管桁架结构的钢管和节点处打磨常用电动手砂轮，如图 4-21 所示。在较大平面上磨平焊疤或磨光长条焊缝边缘，常用高速直柄风动手砂轮。

(a) 　　　　　　　　　　　　　(b)

图 4-21　工人用电动手砂轮打磨焊缝
(a) 工人用电动手砂轮打磨焊缝；(b) 打磨后的焊缝

（3）验收资料

产品经过检验部门签收后进行涂底，并对涂底质量进行验收。

钢结构制造单位在成品出厂时，应提供钢结构出厂合格证书及有关技术文件，其中应包括：

1）施工图和设计变更文件，设计变更的内容应在施工图中相应部位注明。

2）制作中对技术问题处理的协议文件。

3）钢材、连接材料和涂装材料的质量证明书和试验报告。

4）焊接工艺评定报告。

5）高强度螺栓摩擦面抗滑移系数试验报告、焊缝无损检验报告及涂层检测资料。

6）主要构件验收记录。

7）构件发运和包装清单。

8）需要进行预拼装时的预拼装记录。

此类证书、文件作为建设单位的工程技术档案的一部分。上述内容并非所有工程都具备，而是根据工程的实际情况提供。

2. 包装

钢结构构件包装完毕，要对其进行标记。标记一般由承包商在制作厂成品库装运时标明。

对于国内的钢结构用户，其标记可用标签方式带在构件上，也可用油漆直接写在钢结构产品或包装箱上。对于出口的钢结构产品，必须按海运要求和国际通用标准进行标记。

标记通常包括下列内容：工程名称、构件编号、外廓尺寸（长、宽、高，以"m"为单位）、净重、毛重、始发地点、到达港口、收货单位、制造厂商、发运日期等，必要时要标明重心和吊点位置。

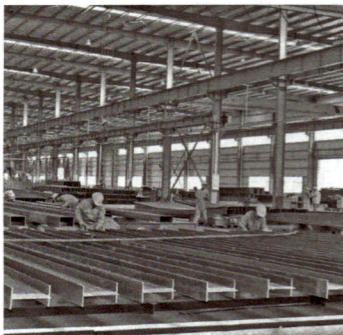

图 4-22　工人打钢印编号

主标记（图号、构件号）：为提高产品的出库正确率，保证出库构件的完整性，在进行深化设计时对构件进行编码，便于工程材料的可追溯性，以及工地材料的管理科学和使用方便，要进行打钢印编号，如图 4-22 所示。

3. 运输和堆放

（1）运输

钢结构运输时捆扎必须牢靠，防止松动。钢构件在运输车上的支点、两端伸出的长度及绑扎方法均能保证构件不产生变形、不损伤涂层且保证运输安全。

为保证运输的实效及合理性，可采取工地现场人员与车间发货信息互动的方式，如图 4-23 所示。

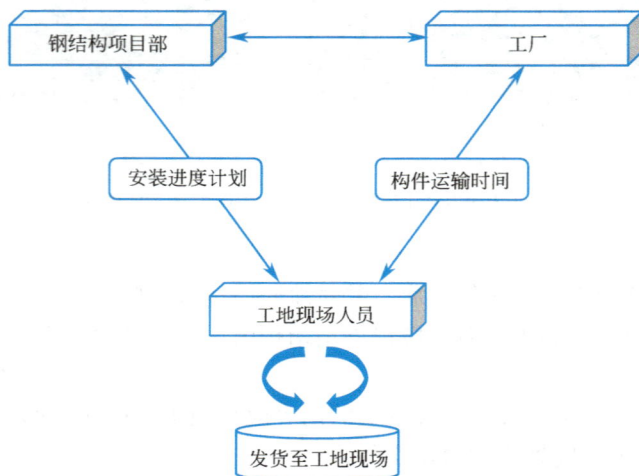

图 4-23　现场人员与车间发货信息互动方式

根据构件尺寸和施工现场需求，一般采用以公路为主的运输方式，力求快、平、稳地将构件运抵施工现场。

装车时构件与构件、构件与车厢之间应妥善捆扎，以防车辆颠簸而产生构件散落。钢构件在运输车上的支点、两端伸出的长度及绑扎方法均须能保证构件不产生变形、不损伤涂层且保证运输安全。运输方式如图 4-24 所示。

（2）堆放

应在运输车辆上预先准备枕木，加垫泡沫塑料，以防油漆划伤。构件到现场应按施工顺序分类堆放，尽可能堆放在平整无积水的场地。高强度螺栓连接副必须在现场干燥的地方堆放。堆放必须整齐、合理、标识明确，雨天要做好防雨淋措施，高强度螺栓摩擦面应得到确实保护。

成品验收后，在装运或包装以前堆放在成品仓库。目前国内钢结构产品主要大部件都

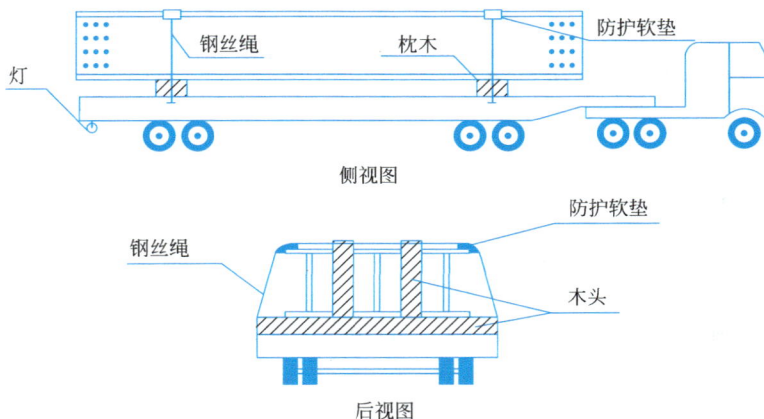

图 4-24　运输方式

是露天堆放，部分小件一般可用捆扎或装箱的方式放置于室内。由于成品堆放的条件一般较差，所以堆放时更应注意防止失散和变形。成品堆放时应注意下述事项：

1）堆放场地的地基要坚实，地面平整干燥，排水良好且不得有积水。

2）堆放场地内应备有足够的垫木或垫块，使构件得以放平稳，以防构件因堆放方法不正确而产生变形。

3）钢结构产品不得直接置于地上，要垫高 200mm 以上，堆放方式如图 4-25 所示。

图 4-25　构件的堆放

（a）错误堆放方式；（b）正确堆放方式 1；（c）正确堆放方式 2

4）侧向刚度较大的构件可水平堆放。当多层叠放时，必须使各层垫木在同一垂线上，堆放高度应根据构件来决定。

5）大型构件的小零件应放在构件的空当内，用螺栓或钢丝固定在构件上。

6）不同类型的钢构件一般不堆放在一起。同一工程的构件应分类堆放在同一地区内，以便于装车发运。

7）构件编号要标记在醒目处，构件之间堆放应有一定距离。

8）钢构件的堆放应尽量靠近公路、铁路，以便运输。

项目拓展

1. 实地参观钢结构生产车间，对桁架结构的加工设备及工艺进一步熟悉。

2. 借助互联网了解更多的桁架结构加工工艺知识。

项目巩固

绘制本项目学习内容的思维导图。

实训课题

管桁架的加工制作。

实训目的

使学生能编制管桁架的加工方案，熟悉管桁架的加工工艺。

实训程序

1. 老师讲解管桁架的加工工艺。
2. 联系钢结构生产厂家，加工实地学习交流。
3. 学生以小组为单位进行讨论和总结学习内容。
4. 每组每位学生写一份实训报告，并以小组为单位汇报。

4.4　管桁架的现场拼装及施工安装

学习目标

掌握管桁架结构施工安装的主要方法和质量验收方法。

能力目标

能编制管桁架结构施工方案、吊装专项方案，具备施工安装和质量验收能力并付诸实施。

4.4.1　管桁架的拼装

管桁架现场的拼装的主要顺序为：支撑架胎模的基础施工→胎架制作→胎架尺寸、拱度、水平度、稳定性校合→单段桁架起吊就位→桁架整体拼装定位→校正→检验→对接焊缝焊接→超声波探伤检测→焊后校正→监理工程师检查验收→涂装→检验合格→吊入场地，其具体操作流程，如图 4-26 所示。

1. 拼装胎架设计和安装

（1）胎架设计

胎架制作流程如图 4-27 所示。

拼装场地整平压实后上铺钢板形成一刚性平台，上部胎架固定在钢板上。考虑为了保证主桁架的拼装精度以及主桁架在拼装完成后便于起吊等因素，牛腿的上端搁置一个限位块和可调节高度及水平度的调节装置。

管桁架拼装胎架主承重杆件截面形式和截面大小要根据所需拼装的管桁架自重确定。对于自重大的管桁架结构主承重杆件可采用 H 型钢截面，对于自重小的可采用角钢截面，其余杆件采用角钢即可满足要求。

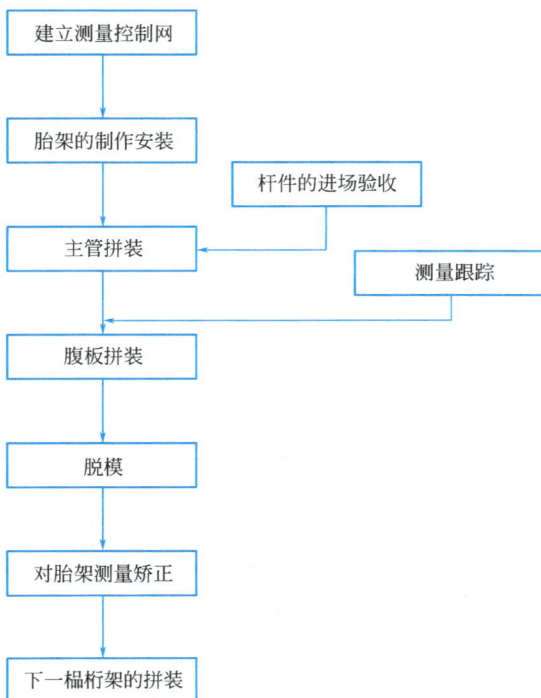

图 4-26　管桁架的现场拼装操作流程

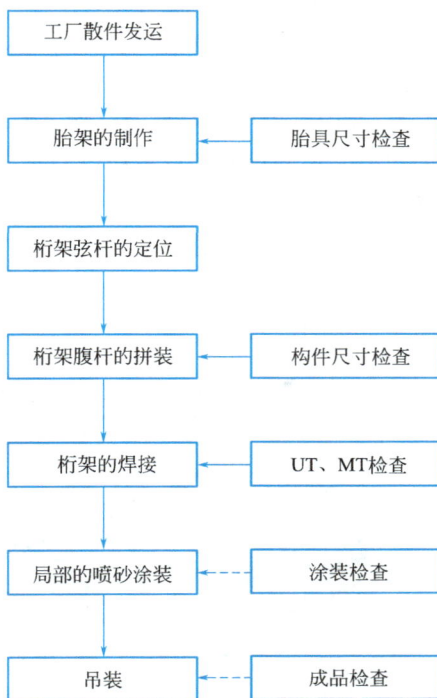

图 4-27　胎架制作流程图

胎架的设计和布置根据主拱架的分段情况和分段点的位置来确定，胎架设计时要考虑桁架分段处的上下弦杆的接口及腹杆的拼装，在断开面中间设置空挡，以留出焊接空间，在对接口下面焊接时，焊工可从胎架侧面进入胎架顶部第一层平台，施焊胎架的下弦支撑采用 H 型钢，两端搁置在型钢柱的牛腿上，吊装时将此 H 型钢取下，以免影响桁架的吊装。

（2）胎架制作工艺方案

桁架拼装胎架如图 4-28 所示。

（3）胎架制作技术要求

1）管桁架一般采用侧卧方式进行地面组拼，平台及胎架支撑必须有足够的刚度。

2）在平台上应明确标明主要控制点的标记，作为构件制作时的基准点。

3）管桁架安装现场胎架的数量根据现场场地情况、吊装要求、施工周期等确定，以管桁架拼装速度与安装速度相匹配，以减少或避免窝工现象为基本原则。

图 4-28　管桁架拼装胎架

4）拼装时，在平台（已测平，误差在 2mm 以内）上划出三角形桁架控制点的水平投影点，打上钢印或其他标记。

5）将胎架固定在平台上，用水准仪或其他测平仪器对控制点的垂直标高进行测量，通过调节水平调整板或螺栓，确保构件控制点的垂直标高尺寸符合图纸要求，偏差在 2.0mm 内。然后将桁架弦杆按其具体位置放置在胎架上，通过挂锤球或其他仪器，确保桁架上的控制点的垂直投影点与平台上划的控制点重合，固定定位卡，确保弦杆位置的正确，注意确定主管相对位置时，必须放焊接收缩余量。

（4）桁架弦杆的对接

由于桁架的弦杆长度较大，需在现场进行对接，对接在专用的钢管对接架上进行，如图 4-29 所示。

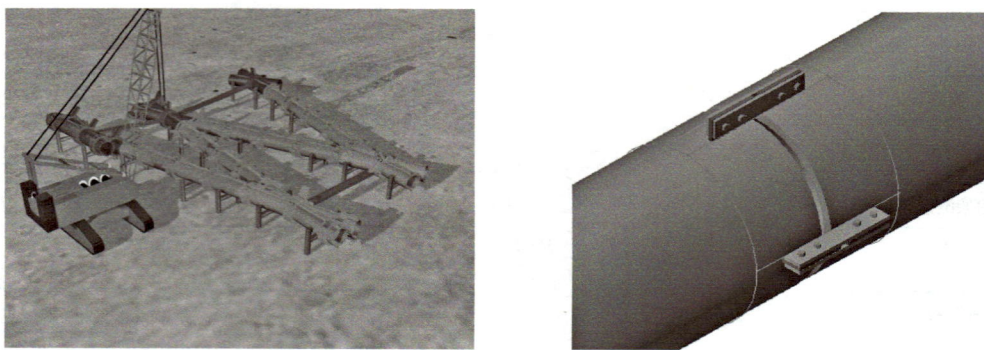

图 4-29 钢管对接示意图

（5）管桁架的拼装

1）在平台（已测平，误差在 2mm 以内）上划出桁架控制点的水平投影点，打上钢印或其他标记。

2）将胎架焊接在平台上，用水准仪或其他测平仪器对控制点的垂直标高进行测量，通过调节水平调整板或螺栓确保构件控制点的垂直标高尺寸符合图纸要求，偏差在 2.0mm 内。

3）然后将球节点和弦杆按其具体位置放置在胎架上，通过挂锤球或其他仪器确保桁架上的控制点的垂直投影点与平台上划的控制点重合，固定定位块，确保弦杆位置的正确。确定主管相对位置时，必须放焊接收缩余量。

4）在胎架上对主管的各节点的中心线进行划线。

5）装配腹杆，并定位焊，对腹杆接头定位焊时，不得少于 4 点。

6）定位好后，对 W 形桁架进行焊接，先焊未靠住胎架的一面，焊好后，用吊机将桁架翻身，再焊另一面，焊接时，为保证焊接质量，尽量避免仰焊、立焊。

7）在组装时，应考虑桁架的预起拱值。根据起拱高度和跨度，在电脑上用 CAD 软件实际放样可求出每根杆件下料长度。

预起拱值按照规范规定执行，桁架跨度大于 24m 时可起 $L/500$，跨度小的不需要起拱。

管桁架拼装顺序如图 4-30 所示。

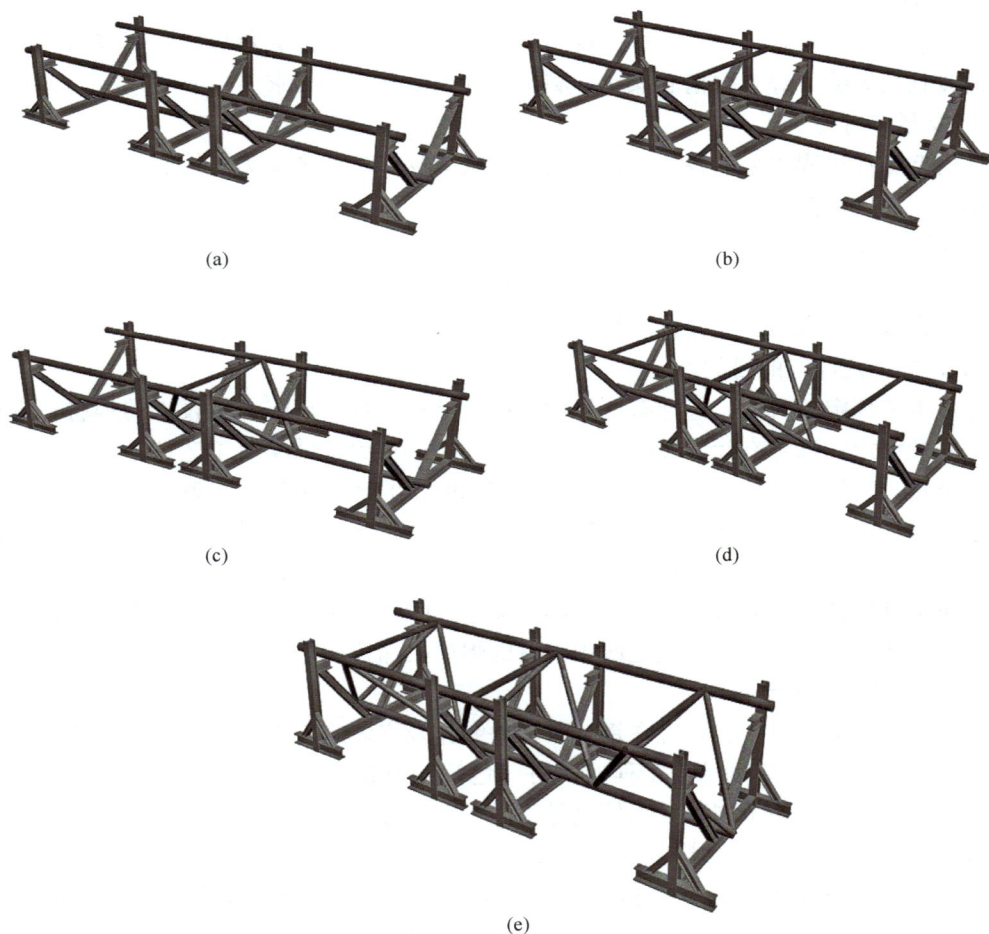

图 4-30　管桁架的拼装顺序

（a）第一步：桁架主弦杆的就位及固定；（b）第二步：桁架横向腹杆的就位；
（c）第三步：桁架斜向腹杆的就位；（d）第四步：桁架腹杆依顺序就位；（e）第五步：拼装完成

（6）钢管焊接

1）焊接基本要求

① 选用合适焊条

选用低氢钾型碱性 E5016 焊条，交直流两用。焊条为＜312mm 和＜410mm 两种。当采用＜312mm 焊条时，焊接电流 100～120A，主要用于 V 形坡口和角焊缝的根部焊缝，确保根部熔透。当采用＜410mm 焊条时，焊接电流 160～210A，主要用于上层焊道或盖面层的焊接，保证焊道相互熔合，并提高焊接效率。

② 焊接操作要点

根据焊接位置和焊缝走向，随时调整运条方式和焊条倾斜角度；保证焊缝根部熔透；防止气孔、夹渣和咬边；当立焊、仰焊时，防止钢水下垂，确保焊缝尺寸；施焊中，若发现焊接缺陷，及时查找原因并消除。

③ 配备熟练焊工

配备技术较高的熟练焊工施焊。有的节点有熔透焊缝，也有角焊缝，还有从熔透焊缝逐步过渡到角焊缝，焊工须精心操作，满足设计图纸规定的要求。

④ 控制应力与变形

在桁架施焊过程中采取各项有效措施，尽量减少焊接残余应力，控制焊接变形；在厚板焊接时，无层状撕裂。

⑤ 焊接工艺评定

对重要的、比较复杂节点的焊接工艺，在正式施焊前，均进行焊接工艺评定，确认焊接质量符合设计要求后，才允许施焊。

⑥ 焊接工艺评定的目的

焊接工艺评定的目的：选择有工程代表性的材料品种、规格、拟投入的焊材，进行可焊性试验及评定；选定有代表性的焊接接头形式，进行焊接试验及工艺评定；选择拟使用的作业机具，进行设备性能评定；模拟现场实际的作业环境条件，采取预防措施和不采取措施进行焊接，评定环境条件对焊接施工的影响程度；对已经取得焊接作业资格的焊接技工进行代表性检验，评定焊工技能在工程焊接施工的适应程度；通过相应的检测手段对焊件焊后质量进行评定；通过评定确定指导实际生产的具体步骤、方法以及参数；通过评定确定焊后实测试板的收缩量，确定所用钢材的焊后收缩值。

⑦ 焊接工艺评定流程

凡符合以下情况之一者，应在钢结构构件制作及安装施工之前进行焊接工艺评定：

A. 国内首次应用于钢结构工程的钢材（包括钢材牌号与标准相符但微合金强化元素的类别不同和供货状态不同，或国外钢号国内生产）。

B. 国内首次应用于钢结构工程的焊接材料。

C. 设计规定的钢材类别、焊接材料、焊接方法、接头形式、焊接位置、焊后热处理制度以及施工单位所采用的焊接工艺参数、预热后热措施等各种参数的组合条件为施工企业首次采用。

⑧ 焊接工艺评定指导书

在工程中所有的焊接工艺评定，依据《钢结构焊接规范》GB 50661—2011进行。

⑨ 焊接工艺卡

根据焊接工艺评定制定的应用于工厂和现场的焊接工艺卡。

2）焊接方法

管桁架工程现场焊接主要采用CO_2气体保护半自动焊、手工电弧焊两种方法。

3）焊接顺序

焊接施工按照先主桁架后次桁架、先主梁后次梁的顺序，分区分单元进行，保证每个区域都形成一个空间框架体系，以提高结构在施工过程中的整体稳定性，便于逐区调整校正，最终合拢，减少安装过程中的累积误差。

① 主桁架钢管的焊接顺序（图4-31）

桁架钢管焊接时采取2个人分段对称焊的方式进行，即先1、2同时对称焊，再3、4同时对称焊。

② 次桁架钢管的焊接顺序

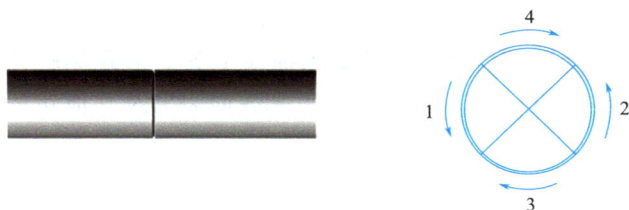

图 4-31　主桁架钢管的焊接顺序

桁架钢管焊接时采取 2 个人分段对称焊的方式进行，即 1、2 同时对称焊（图 4-32）。

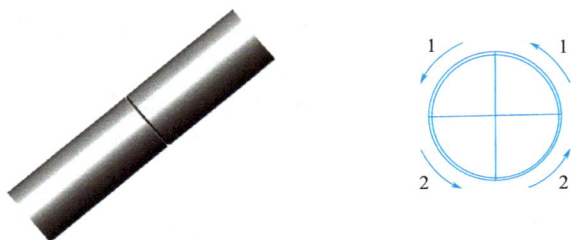

图 4-32　桁架钢管对接焊接顺序示意图

4）钢管焊接质量要求

① 控制焊接变形的工艺措施

焊接顺序控制不当易产生变形和应力集中，因此在焊接时采取以下的技术措施来控制焊接变形：

A. 先焊中间再焊两边。

B. 先焊受力大的杆件再焊受力小的杆件。

C. 先焊受拉杆件再焊受压杆件。

D. 先焊焊缝少的部位再焊焊缝多的部位。

E. 先焊大管径杆件再焊小管径杆件。

F. 先焊趾部再焊根部。

② 外观检查

对全部焊缝进行外观检查，用焊接专用检验尺对焊缝尺寸进行抽检。除对个别外观缺陷进行修补外，其他均成型良好，未见表面气孔、夹渣、咬边、裂缝、焊瘤等缺陷，质量符合《钢结构工程施工质量验收标准》GB 50205—2020 的质量要求。

③ 超声波无损探伤

对钢桁架制作对接焊缝、耳板连接熔透性角焊缝、钢柱与预埋板连接熔透性角焊缝、腹杆与上下弦的相贯线熔透性角焊缝、抗风柱安装焊缝、抗风柱柱脚连接熔透性角焊缝，进行超声波探伤检验，设计规定为二级焊缝，可按 20% 抽检，本次检测均增加至 100%。检测结果，内部焊接缺陷的形态和分布基本为点状离散，缺陷脉冲特征均未超过有关标准限定的二级焊缝的指标的为合格。其中现场拼装对接焊缝达到一级质量要求。

4.5　焊缝超声波检测试验

④ 磁粉探伤

对工厂制作的腋肋板连接焊缝，设计要求抽检 15%，对现场腹杆连接相贯线焊缝抽检 20%，进行磁粉探伤检验，无表面裂缝及其他超标缺陷，质量等级达到一级要求。

4.6 磁粉探伤

4.4.2 管桁架结构安装

管桁架结构现场安装的主要顺序为：轴线复测—钢立柱安装（若有）→钢柱间水平支撑安装（若有）→钢结构桁架的吊装→桁架支座相贯焊接→水平系杆的焊接→屋面檩条的安装→屋面系统安装。

现场桁架的安装施工：①首先进行安装工况验算。桁架吊装时，吊点不得少于 4 个。根据最大吊装单元重量查表后选用一台、两台或多台履带式起重机和汽车式起重机配合进行吊装施工。每台吊车绑扎点一般选取在距离吊装单元端部 1/4 长位置。吊装前采用悬吊钢尺加水准仪法将标高引测到下部结构上，以此来控制桁架与下部结构相贯各点的标高。吊装前应在两头用溜绳控制，钢桁架梁缓缓起吊后注意安装方向，以防碰撞下部结构然后缓缓落下就位。待桁架梁弦杆与下部结构相贯节点达到设计标高后，先将桁架梁弦杆与下部结构点焊连接，待两端标高及整榀桁架垂直度等空间位置确定后，进行焊接固定。再安装连接桁架梁之间支撑桁架杆件，所有构件安装焊接完成后对吊点进行卸载，并缓缓摘钩。②管桁架高空焊接主要采用手工电弧焊或 CO_2 气保焊的焊接方法。焊接施工按照先主管后次管、先对接后角焊的顺序，分层分区进行。保证每个区域都形成一个空间体系。以提高结构在施工过程中的整体稳定性，并且减少了安装过程中的误差。

施工安装质量检测焊接质量检测包括外观检测和超声波无损探伤。外观检测主要检查内容为：焊接方法、焊接电流、选用的焊条直径等。所有全熔透焊缝进行超声波探伤并形成记录。钢结构管桁架施工完成后，焊缝按照等级按比例采用超声波进行检测，自检合格后报监理、业主验收，经检验所查钢结构节点角焊缝和对接焊接符合《钢结构工程施工质量验收标准》中一级，二级焊接的要求。其余焊接外观质量及焊接尺寸，主要构件变形，主体构件尺寸，桁架起拱均符合设计及施工质量规范要求即可完成管桁架的安装。

各区中应具备各自堆放散件的场地，工厂加工后的散件必须严格按现场拼装场地上的构件所需进行配套发货和卸货，避免二次倒运。

（1）管桁架吊装施工

1）吊装设备选用

吊装设备选用要综合考虑工程特点、现场的实际情况、工期等因素，预设多种安装方案，经过各种方案经济、技术指标比较，从吊装设备、与土建交叉配合要求及施工方便，管桁架吊装一般至少选择 1 台履带式起重机和一台汽车起重机配合进行管桁架地面拼装、设备转运及吊装主桁架。吊装设备额定起重量要综合考虑施工现场具体条件、吊装半径、管桁架自重和吊装位置具体选定。

2）埋件的埋设

埋件的埋设要保证精度，首先测设好埋件位置的控制线及标高线，并采取加钢筋将埋件锚杆与钢筋混凝土主筋焊接牢固的固定措施，防止在浇灌、振捣混凝土时产生移动变形。

116

3) 吊装验算

一般将管桁架 CAD 模型导入 MIDAS、SAP2000 或 3D3S 等软件进行验算。对于复杂空间结构，如果杆件截面偏小，由于施工图中杆件截面选择是依据管桁架空间结构整体结构分析及验算的结果，对于各种吊装工况并不一定能满足要求，一般需要进行施工阶段非线性分析，得出各种吊装工况下管桁架应力及位移，如能满足要求，即可按照既定方案吊装施工，如不能满足要求或产生不可恢复的变形，就需要对管桁架结构在吊装过程中进行加固处理。

某管桁架结构施工工序及施工阶段非线性分析过程，如图 4-33 所示。

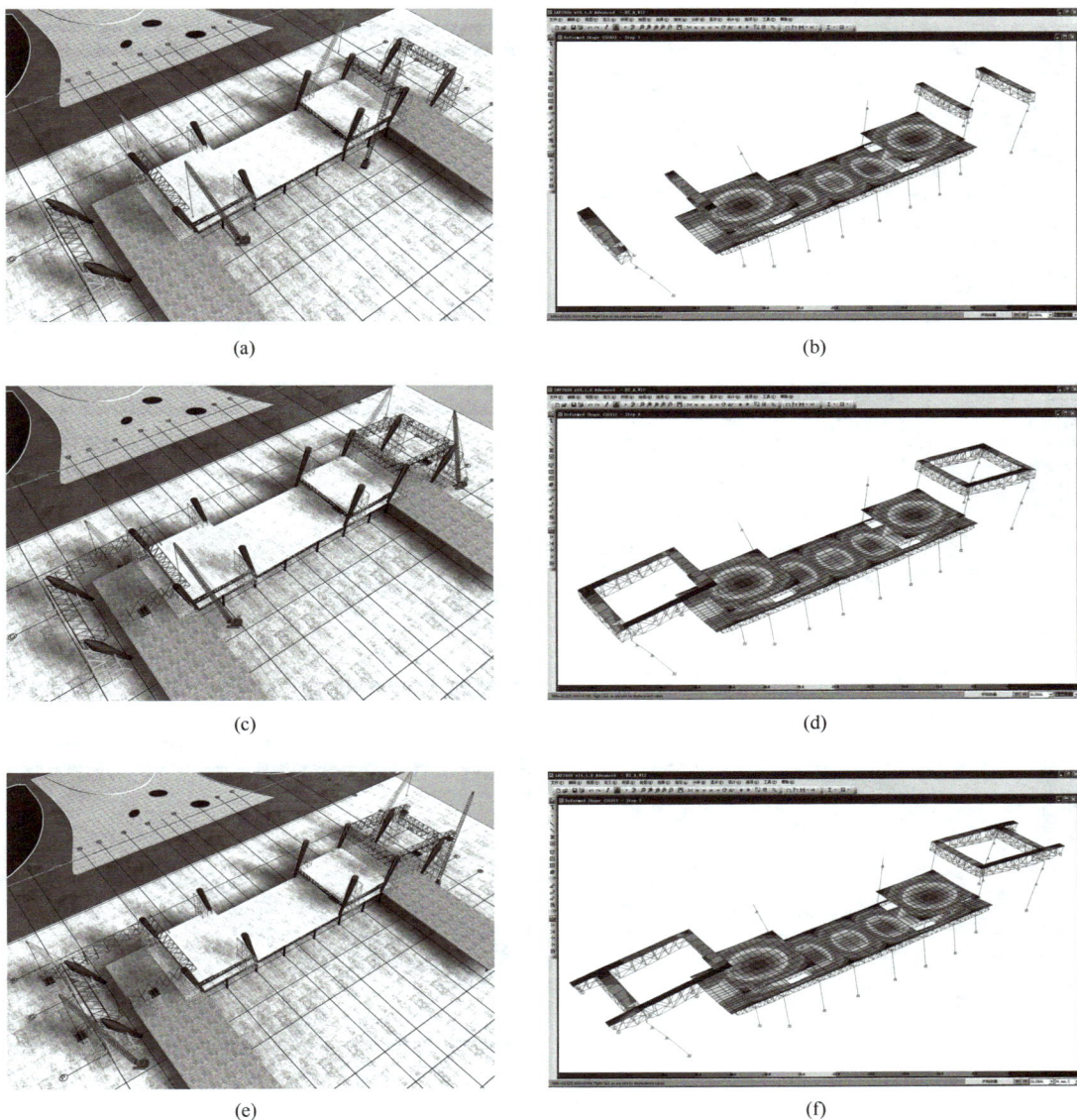

(a)

(b)

(c)

(d)

(e)

(f)

图 4-33　某管桁架结构施工模拟分析（一）

（a）桁架安装第一施工阶段图；（b）桁架安装第一施工阶段变形云图；（c）桁架安装第二施工阶段图；
（d）桁架安装第二施工阶段变形云图；（e）桁架安装第三施工阶段图；（f）桁架安装第三施工阶段变形云图

117

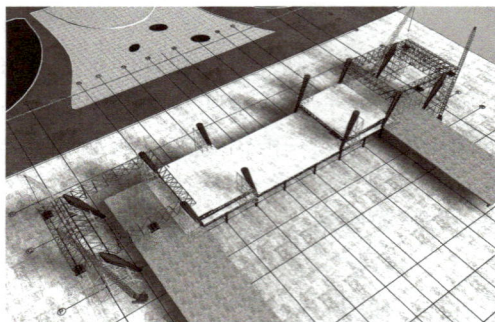

(g)

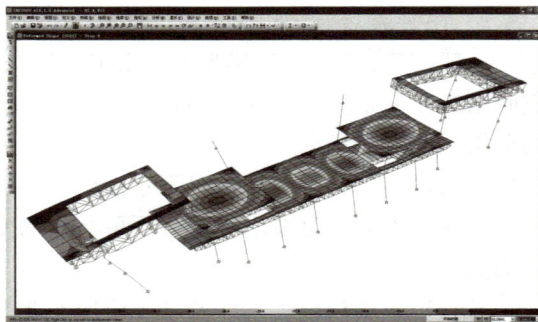

(h)

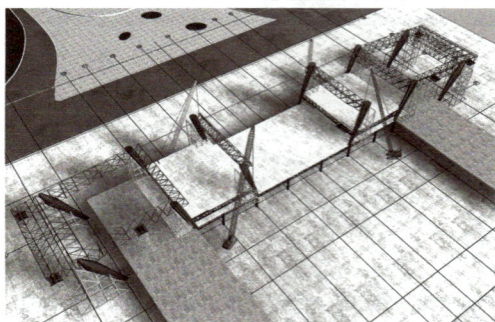

(i)

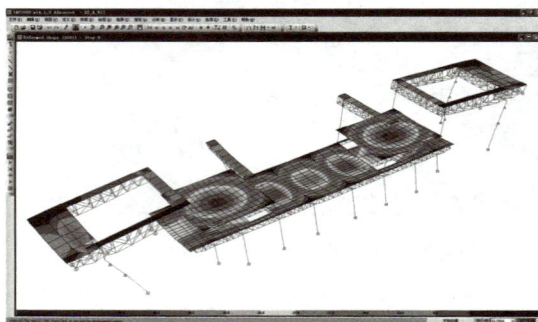

(j)

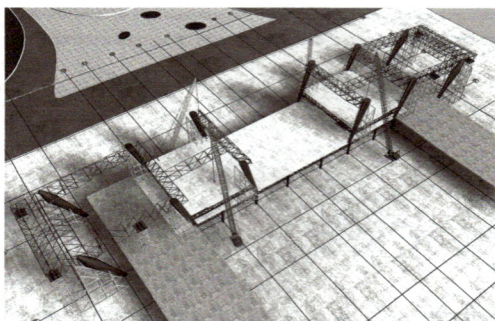

(k)

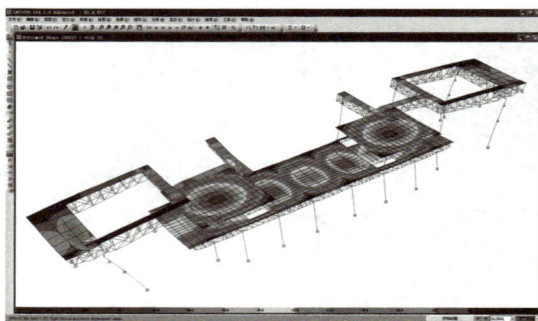

(l)

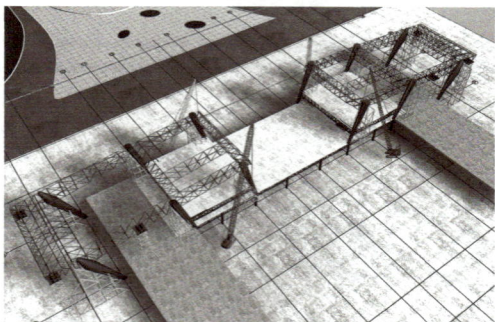

(m)

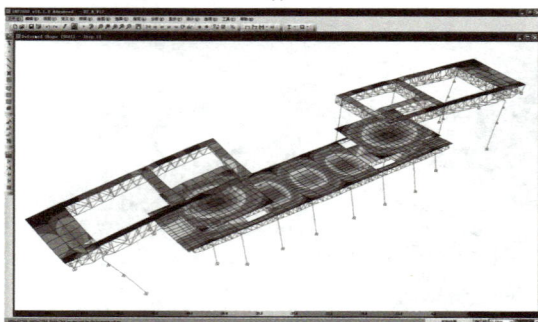

(n)

图 4-33　某管桁架结构施工模拟分析（二）

（g）桁架安装第四施工阶段图；（h）桁架安装第四施工阶段变形云图；（i）桁架安装第五施工阶段图；

（j）桁架安装第五施工阶段变形云图；（k）桁架安装第六施工阶段图；（l）桁架安装第六施工阶段变形云图；

（m）桁架安装第七施工阶段图；（n）桁架安装第七施工阶段变形云图

(o)

(p)

(q)

(r)

(s)

(t)

(u)

(v)

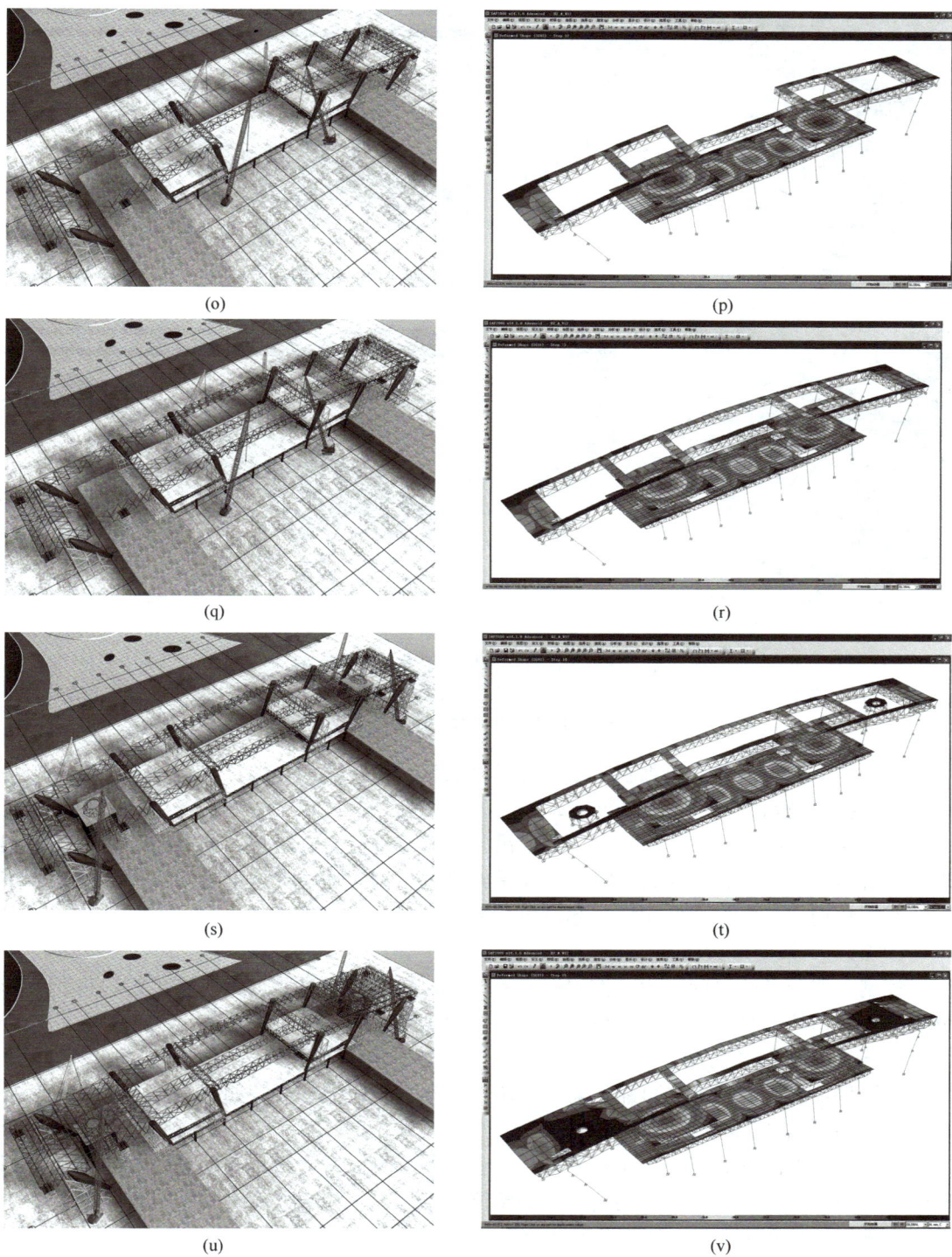

图 4-33 某管桁架结构施工模拟分析（三）

（o）桁架安装第八施工阶段图；（p）桁架安装第八施工阶段变形云图；（q）桁架安装第九施工阶段图；

（r）桁架安装第九施工阶段变形云图；（s）桁架安装第十施工阶段图；（t）桁架安装第十施工阶段变形云图；

（u）桁架安装第十一施工阶段图；（v）桁架安装第十一施工阶段变形云图

(w)

(x)

(y)

(z)

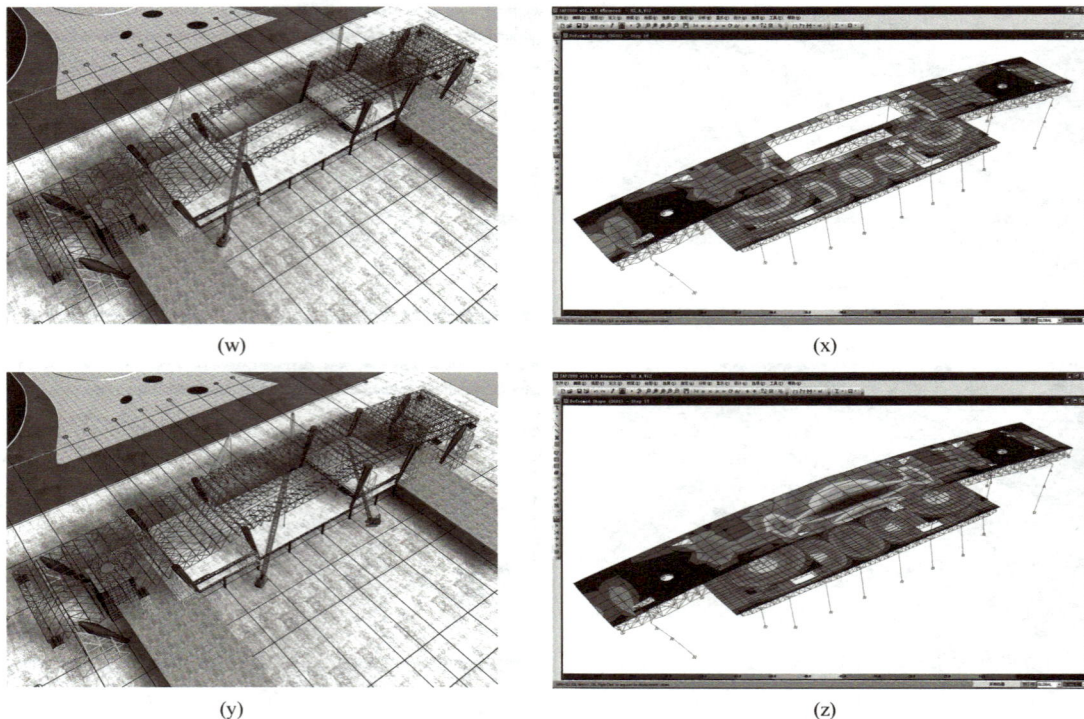

图 4-33　某管桁架结构施工模拟分析（四）

（w）桁架安装第十二施工阶段图；（x）桁架安装第十二施工阶段变形云图；（y）桁架安装第十三施工阶段图；
（z）桁架安装第十三施工阶段变形云图

根据以上施工模拟分析判断吊装方案是否满足结构和安全要求。

4）支承架验算

由于管桁架结构往往体量较大，分段吊装时需要进行高空对接，此时需要设置支承架以支承管桁架自重和施工荷载，需要对支承架进行结构验算，支承架可采用脚手架钢管搭设、使用角钢焊接塔架或使用塔式起重机标准节点。

① 施工支架变形分析

控制支架变形的目的是为了控制桁架的变形，故以下主要通过对各施工阶段进行变形分析，查看桁架的竖向位移，分析结果如图 4-34 所示。

② 施工支架应力分析

为了保证施工支架安全可靠，需要对施工支架进行应力分析，如图 4-35 所示。

③ 施工支架整体稳定分析

要保证桁架的安装能安全顺利地进行，就必须首先保证支架本身的整体稳定，通过屈曲分析（Buckling 分析）结果判断支架的整体稳定情况，荷载取值为支架自重与桁架自重的和再乘以分项系数 1.2，整体稳定性分析各阶模态图如图 4-36 所示。

5）管桁架吊装

管桁架吊装一般采取履带式起重机和汽车式起重机配合吊装，履带吊吊装拼装好的管桁架单元，汽车式起重机装杆件进行管桁架单元的连接。根据施工模拟分析和施工支架分析，选择合理的吊装方案进行吊装。

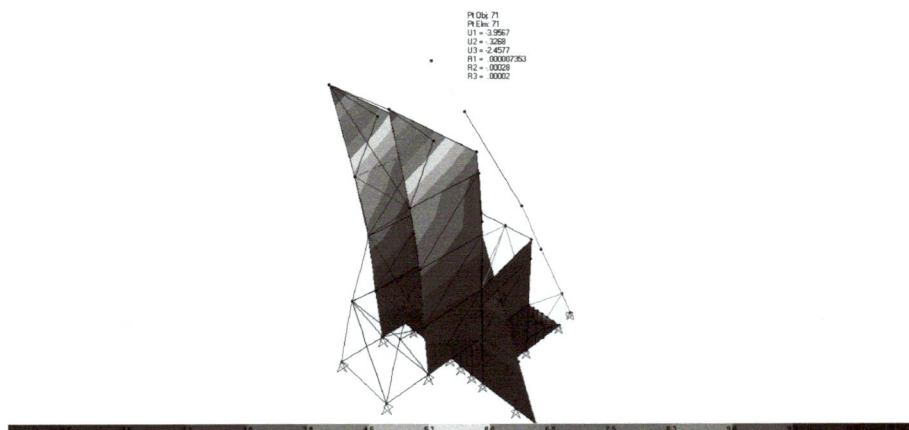

图 4-34　某管桁架结构施工支架变形分析

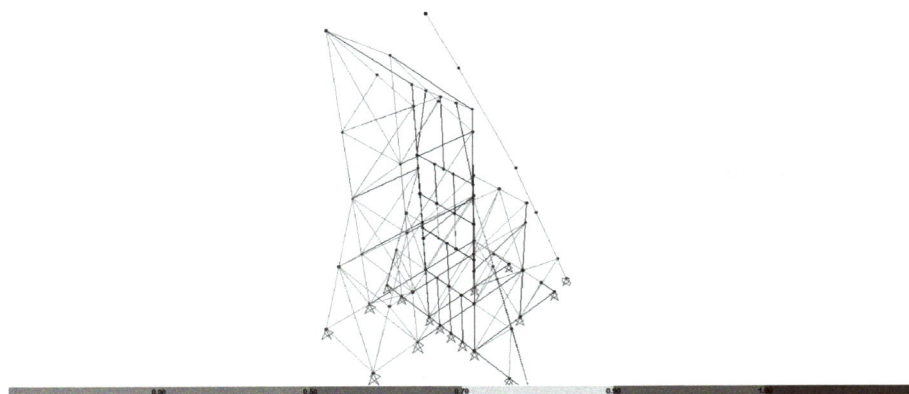

图 4-35　某管桁架结构施工支架应力分析

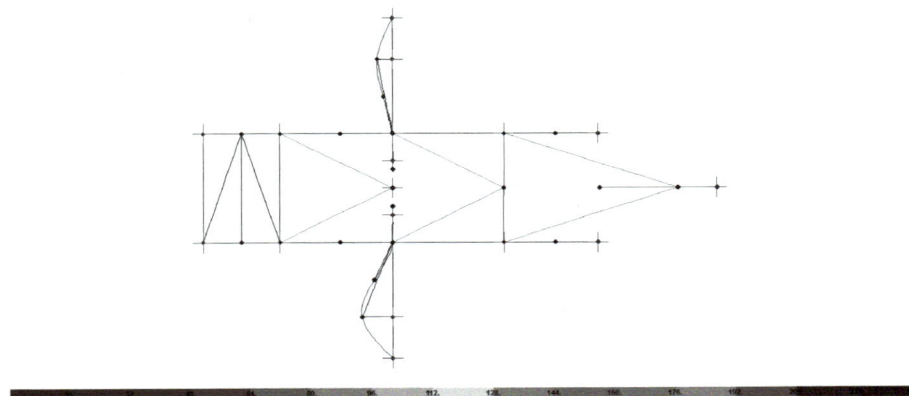

(a)

图 4-36　某管桁架结构施工支架整体稳定分析（一）

（a）Buckling 分析第一模态图

121

(b)

(c)

(d)

(e)

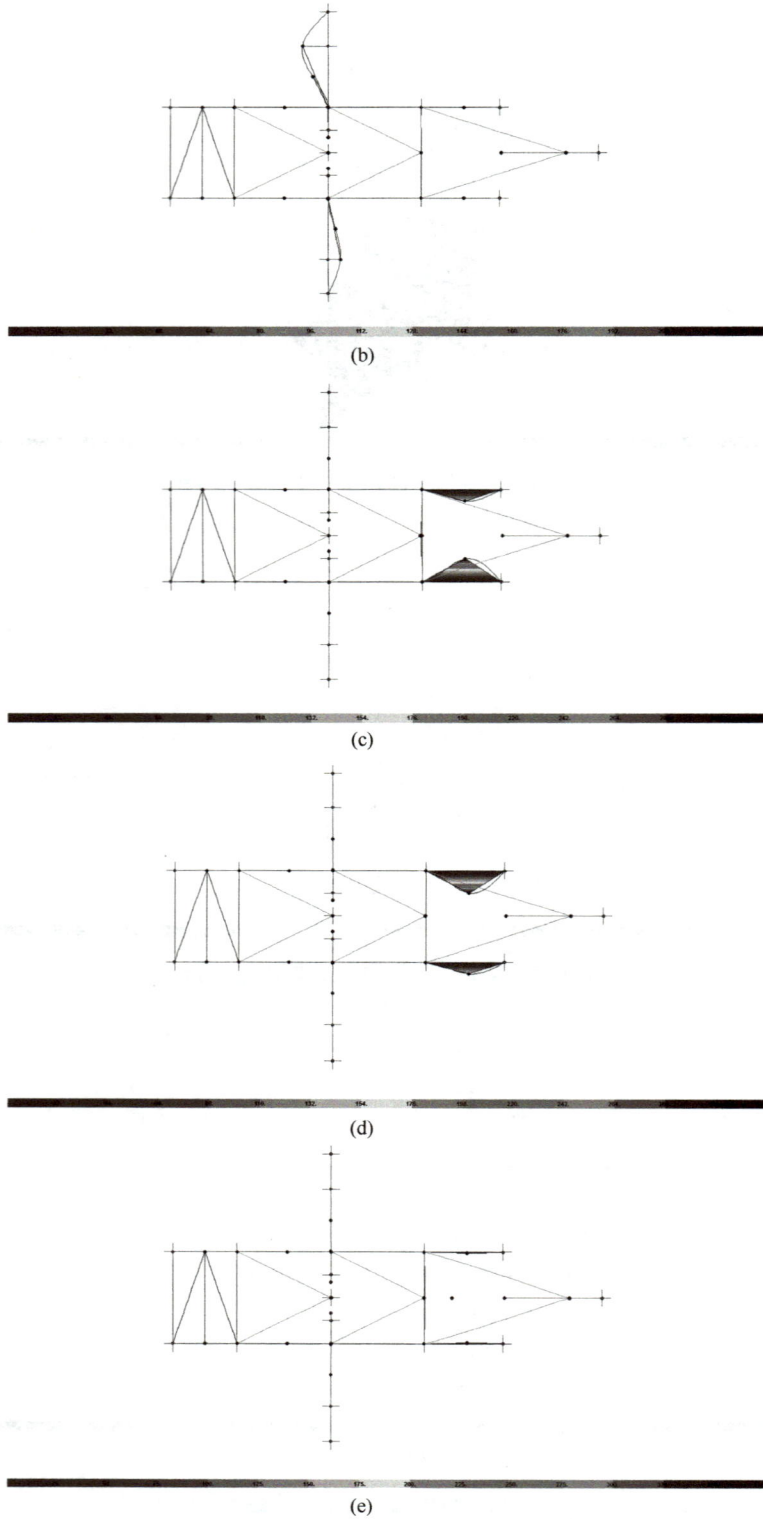

图 4-36　某管桁架结构施工支架整体稳定分析（二）

（b）Buckling 分析第二模态图；（c）Buckling 分析第三模态图；（d）Buckling 分析第四模态图；（e）Buckling 分析第五模态图

（2）滑移法安装管桁架

1）高空滑移法

高空滑移法对起重、牵引设备要求不高，可用小型起重机或卷扬机，而且只需搭设局部拼装支撑架，如果建筑物端部有平台，可搭设脚手架，可按以下几种方式分类：

① 按滑移方式可分为单榀滑移和逐榀累积滑移，如图 4-37 所示。

单榀滑移法，即将管桁架按榀分别从一端滑移到另一端就位安装，各条之间分别在高空用次桁架和系杆再行连接，即逐榀滑移，逐榀连成整体；逐榀累积滑移法，即先将各榀管桁架单元滑移一段距离（这一段距离能连接上第二榀管桁架的宽度即可），连接好第二榀管桁架后，两榀管桁架一起再滑移一段距离（宽度同上），再连接第三榀，三榀又一起滑移一段距离，如此循环操作直到接上最后一榀管桁架为止。

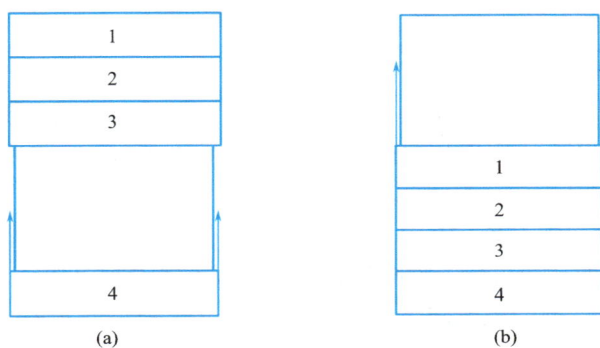

图 4-37　高空滑移法（按滑移方式）

（a）单榀滑移法；（b）逐榀累积滑移法

② 按摩擦方式可分为滑动式和滚动式两类，如图 4-38 所示。滚动式滑移即管桁架装上滚轮，管桁架滑移时是通过滚轮与滑轨的滚动摩擦方式进行的。滑动式滑移即管桁架支座直接搁置在滑轨上，管桁架滑移时是通过支座底板与滑轨的滑动摩擦方式进行的。

图 4-38　高空滑移法（按摩擦方式）

（a）滑动式滑移；（b）滚动式滑移

③ 按滑移时外力作用方向可分为牵引法和顶推法两类，如图 4-39 所示。牵引法即将钢丝绳绑扎于管桁架前方，用卷扬机或手扳葫芦拉动钢丝绳，牵引管桁架前进，作用点受拉力。顶推法即用千斤顶顶推管桁架后方，使管桁架前进，作用点受压力。

123

（a）　　　　　　　　　　　　　　　　　　（b）

图 4-39　高空滑移法（按滑移时外力作用方向）

（a）牵引法；（b）顶推法

2）高空滑移法特点

① 管桁架安装是在土建完成框架、圈梁以后进行的，而且管桁架采用架空作业，对建筑物内部施工没有影响，管桁架安装与下部土建施工可以平行立体作业，大大加快了进度。

② 高空滑移法对起重设备、牵引设备要求不高，可用小型起重机或卷扬机，而且只需搭设局部拼装支撑架。如果建筑物端部有平台，可不搭设脚手架。

③ 采用单榀滑移法时，摩擦阻力较小，如再加上滚轮跨度小时，用人力撬棍即可撬动前进。当用逐榀累积滑移法时，牵引力逐渐加大，即使为滑动摩擦方式，也只需用小型卷扬机即可，例如最终屋盖管桁架总重为 200t，实测涂黄油后滑道摩擦系数为 0.1，故牵引力为 20t，滑车引出 5 根钢丝绳，则卷扬机只需提供 20/4＝5t 即可，故采用 5t 卷扬机进行牵引，设 4 组动滑轮组，卷扬机绕出 5 绳，牵引力为 25t。因为管桁架滑移时速度不能过快（≤1m/min），一般均需通过滑轮组变速。

3）高空滑移法适用范围

① 高空滑移法可用于矩形、多边形、梯形、圆形、环形等建筑平面。

② 支承情况可为周边简支，或点支承与周边支承相结合等情况。

③ 当建筑平面为矩形时，滑轨可设在两边圈梁上，实行两点牵引。

④ 当跨度较大时，可在中间增设滑轨，实行三点或四点牵引，这时管桁架不会因单榀受力导致挠度过大（需对单榀管桁架进行自重作用下的强度、挠度和整体稳定进行计算），但需保持各点牵引同步。另外，也可采取加反梁办法解决。

⑤ 高空滑移法适用于狭窄现场、山区等处施工，也适用于跨越施工，如车间屋盖的更换，轧钢厂、机械厂等厂房内设备基础、设备与屋面结构平行施工。

⑥ 第一榀管桁架高空滑移时由于无侧向支撑，桁架中心铅垂面外侧向稳定差，需设置辅助侧向支撑杆件和多道缆风绳。另由于第一榀管桁架自重轻，往往滑车组省力系数取得小（钢丝绳股数少），导致滑移速度不易控制，现场施工时应求慢求稳，统一指挥，防止因滑移速度过快引起管桁架振动使结构承受动荷载作用和稳定性差引起的严重工程事故。

4）管桁架滑移安装管桁架滑移安装示意图如图 4-40 所示。

图 4-40　管桁架滑移安装示意图

　　桁架整体滑移到安装位置处后，在每个支撑点设置千斤顶进行整体顶升后，撤出滑道，将支座放入安装位置，回落千斤顶使支座球降落到安装位置上，具体顶升示意如图 4-41 所示。

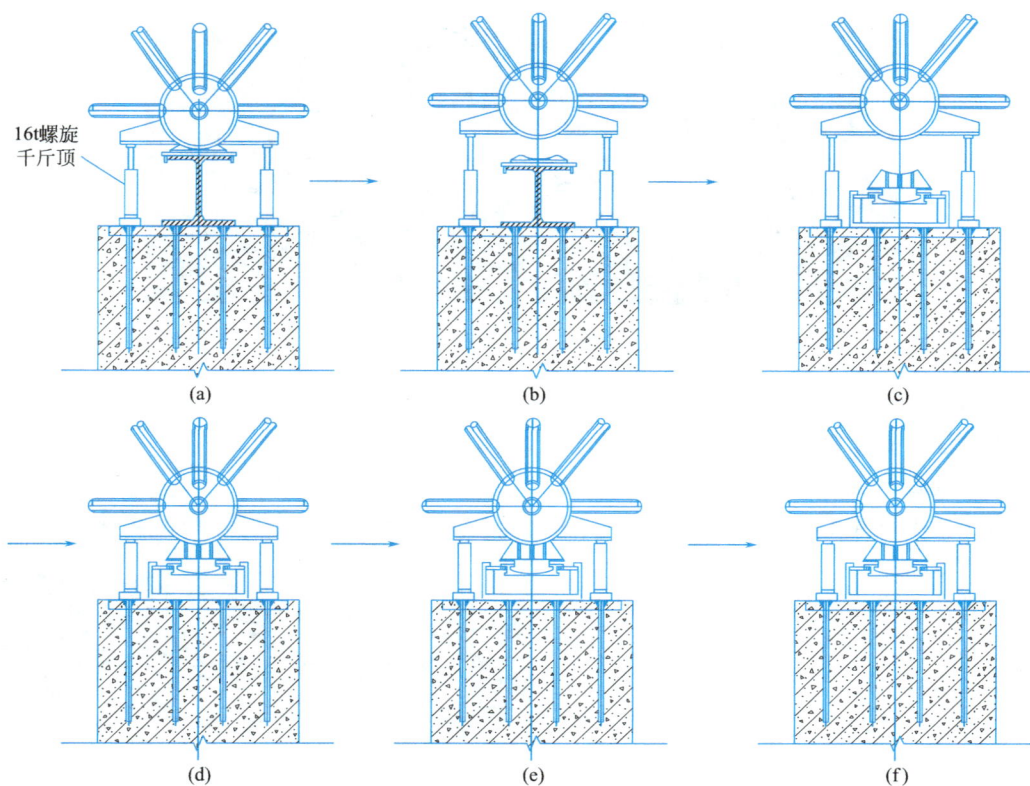

图 4-41　顶升示意

（a）千斤顶顶升前；（b）千斤顶顶升后；（c）滑移钢梁移除放入支座；
（d）千斤顶落放；（e）支座安装及调整；（f）移除千斤顶

5）高空散装法

高空散装法适用于施工空间小的施工场地，吊装设备要求低，但由于脚手架搭设量大、高空焊接量大、人力消耗大，所以施工成本高，一般很少采用。

6）分段或整体安装法

对于小型桁架结构，可以采用整体吊装法吊装就位并固定，但对于跨度大的桁架结构，采用整体吊装对设备要求高、吊装难度大，需要把桁架拼装成若干段后吊装到设计位置上进行拼接或固定，为了方便段与段之间的现场拼接，一般要在拼接位置设置支撑架和操作平台。

分段或整体安装法常采用的吊装方法有吊升法、提升法和顶升法。

① 吊升法

吊升法，是指将拼装好的桁架用起重设备吊升到设计位置进行拼接或固定的方法。吊升法往往由若干台桅杆或自行式起重机进行抬吊，如图 4-42 所示。

图 4-42　吊升法

② 提升法

提升法，是指将拼装好的桁架用起重设备垂直地提升至设计标高进行拼接或固定的方法，如图 4-43 所示。

③ 顶升法

顶升法，是指将拼装好的桁架利用支承结构和千斤顶顶升到设计位置进行拼接或固定的方法。

4.4.3　屋面安装

管桁架结构工程采用的屋面板一般为压型金属板，或铝镁锰合金面板，压型钢板底板的双层屋面板系统，双层屋面板系

图 4-43　提升法

统是一种比较成熟的系统，它能有效地解决屋面板的热胀冷缩问题，并能增强屋面板的整体性和防水性能。该屋面系统最突出的特点就是整体性好，为提高屋面的防水性能，屋面板的长度方向一般要求不得有搭接。

屋面安装工艺流程为：屋面檩条放线定位→檩托、檩条安装→天沟安装→吊顶板安装→屋面底座安装→无防吸声纤维纸安装→钢丝网及保温棉安装→屋面板及檐口泛水安装→其他零星工程安装→交工验收。

4.7　桁架结构的分段或整体安装法

（1）屋面定位放线

屋面放线定位是屋面系统施工的第一步，是非常重要的环节，直接影响到屋面系统的安装质量和外观效果。

（2）屋面檩托、檩条的安装

1）檩托安装

檩托安装前，首先在桁架上弦顶面分线划出檩托立杆的安装边线，复测、检查定位点无误后方可安装檩托。由于檩托单个重量较轻，人工转运至作业面下方直接用麻绳吊运到安装地点即可安装。

檩托安装焊接：檩托定位后，先采用点焊将檩托与桁架上弦杆焊接牢固，最后在焊接檩条时将檩托、檩条一并成型。檩托焊接的焊缝质量要求，外观要求：焊道均匀密实、焊缝光滑流畅、焊缝宽度适宜、无焊瘤、无咬边等；焊缝内部质量：夹渣、无裂纹、无气孔。

2）檩条安装

主檩条一般采用C型钢、Z型钢或方通钢檩条，主檩条垂直于桁架，水平间距一般为1500mm。屋面檩条是屋面板及面板固定支座和吊顶系统的支撑构件，通过檩托和屋面主钢结构檩条（主桁架上弦管）连接。因屋面檩条的安装误差会严重影响屋面和吊顶板的安装，因此需要严格控制好屋面檩条的安装精度。在复核好的主钢结构檩托上放出屋面檩条的安装边线，再将檩条对线安装。檩托安装时横向既沿檩条方向与地面垂直，纵向与主钢结构檩条方向的曲面法线垂直。檩托焊接要满足设计要求，成型美观无夹渣、气孔、焊瘤、裂纹等缺陷，焊接完成要及时进行焊缝清理和防腐处理。檩条安装时要特别注重标高位置，横向要在同一平面上且在同一直线上，纵向与主钢结构在同一曲面上并达到设计安装要求。

由于檩条的单根重量较大，长度较长，故檩条的垂直运输采用汽车式起重机，高空水平运输采用滑移的方法解决。

檩条安装是涉及屋面效果的关键工序，安装前对檩托高差必须仔细复查，保证檩条面始终垂直于桁架，相邻高差不大于10mm。

（3）屋面板安装

由于管桁架建筑平面尺寸较大，屋面天沟也较多，使得面板长度不一，故屋面板制作时，必须预先生产部分面板运输到屋面。

为使整个屋面安装顺利进行，在安装之前应对屋面放几条控制线与主钢结构相平行，在安装时依据控制线来安装整个屋面板的位置，具体操作如下：

1）定尺：为了避免材料浪费，在底座安装完毕后对面板的长度要进行实际反复测量，面板伸入天沟的长度以略大于设计为宜，便于剪裁整齐。

2）就位：施工人员将板抬到安装位置，就位时先对板端控制线，然后将搭接边用力压入前一块板的搭接边。检查搭接边是否能够紧密接合，发现问题必须及时处理。

图 4-44　屋面弧形板锁边

3）锁边：面板位置调整好后，安装端部面板下的泡沫塑料封条，然后进行手动锁边。要求锁边后的板肋连续、平直，不能出现扭曲和裂口。锁边的质量关键在于锁边过程中是否用强力使搭接边紧密接合。当天就位的面板必须临时锁边固定，确保风大时板不会被吹坏或刮走（图 4-44）。

4）折边：折边的原则为水流入天沟处折边向下，否则折边向上。折边时不可用力过猛，应均匀用力，折边的角度应保持一致。

5）打胶：屋面板与天窗接口处需打胶密封。打胶前要清理接口处泛水上的灰尘和其他污物及水分，并在要打胶的区域两侧适当位置贴上胶带，对于有夹角的部位，胶打完后用直径适合的圆头物体将胶刮一遍，使胶变得更均匀、密实和美观。最后将胶带撕去。

6）收边泛水安装：底泛水安装。泛水分为两种，一种是压在屋面板下面的，称为底泛水；一种是压在屋面板上面的，称为面泛水。天沟两侧的泛水为底泛水，必须在屋面板安装前安装。底泛水的搭接长度、铆钉数量和位置严格按设计施工。泛水搭接前先用干布擦拭泛水搭接处，目的是除去水和灰尘，保证硅胶的可靠粘接。要求打出的硅胶均匀、连续、厚度合适。

7）屋面泛水安装：用于屋面四周能直接看到的收边泛水均为面泛水，其施工方法与底泛水基本相同但外观效果要求更高，在面泛水安装的同时要安装泡沫塑料封条。要求封条不能歪斜，与屋面板和泛水接合紧密，这样才能防止风将雨水吹进板内。安装泛水时，预钻孔的钻头不能大于铆钉直径且铆钉直径不能小于 5mm，否则在热膨胀的作用下可能会把铆钉拉脱。

8）保护：已安装好的屋面板，要尽量减少人在上面走动，安装泛水时在上面走动要脚踏在屋面板的肋上，不能踩在面板的平板处或铺木板行走。

4.4.4　钢结构防火涂装

防火涂料施工流程根据工程实际情况和供应商提供的技术指标进行。

防火涂料涂装前，钢构件表面除锈及防锈底漆涂装应符合设计要求和国家现行有关规范规定，并经验收合格后方可进行防火涂料涂装。

防火涂料按照涂层厚度可划分为两类：B 类：薄涂型钢结构防火涂料，涂层厚度一般为 2～7mm，有一定的装饰效果，高温时涂层膨胀增厚，具有耐火隔热作用，耐火极限可达 0.5～2h，又称为钢结构膨胀防火涂料；H 类：厚涂型钢结构防火涂料。涂层厚度一般为 8～50mm，粒状表面，密度较小、热导率低，耐火极限可达 0.5～3h，又称为钢结构防火隔热材料。

防火涂料施工注意事项：

128

（1）防火涂料施工必须分遍成活，每一遍施工必须在上一道施工的防火涂料干燥后方可进行。

（2）防火涂料施工的重涂间隔时间应视现场施工环境的通风状况及天气情况而定，在施工现场环境通风情况良好、天气晴朗的情况下，重涂间隔时间为4～8h。

（3）当风速大于5m/s，相对湿度大于90％，雨天或钢构件表面有结露时，若无其他特殊处理措施，不宜进行防火涂料的施工。

（4）室内施工防火涂料前，若钢结构表面有潮湿、水渍，必须用毛巾擦拭干净后方可进行防火涂料的施工。

（5）防火涂料施工时，对可能污染到的施工现场的成品用彩条布或塑料薄膜进行遮挡保护。

4.4.5　桁架结构安装质量验收

桁架结构安装质量验收依据《钢结构工程施工质量验收标准》GB 50205—2020的规定。

项目拓展

1. 实地参观桁架结构工程施工现场，对桁架结构工程施工安装及验收知识进一步熟悉。

2. 借助互联网了解更多的桁架结构工程实例。

项目巩固

绘制本项目学习内容的思维导图。

实训课题

编制桁架结构的施工安装方案。

实训目的

使学生能够依据实训指导图、《钢结构工程施工规范》GB 50755—2020、《钢结构工程施工质量验收标准》GB 50205—2020编制桁架结构的施工安装方案，熟练掌握钢框架结构工程的安装和验收知识。

实训程序

1. 老师讲解安全规程和注意事项。
2. 老师讲解编制桁架结构的施工安装方案的要点。
3. 学生以小组为单位进行编制桁架结构的施工安装方案，并以小组为单位汇报。

模块小结

本模块主要按照管桁架结构的基本知识→管桁架结构图纸识读→管桁架结构加工制作→管桁架结构拼装与施工安装→管桁架结构验收的工作过程对管桁架结构特点与构造、

加工制作设备选择、加工制作工艺与流程、拼装与施工安装方法和验收内容等结合《钢结构焊接规范》GB 50661—2011 和《钢结构工程施工质量验收标准》GB 50205—2020 的规定进行了阐述和讲解。以便学生最终形成编制管桁架结构加工制作方案、施工安装方案及付诸实施的职业能力。

模块巩固

一、判断题（对的打√，错的打×）

1. 起拱是指大跨度屋面在建造时，为修正自重沉降或满足排水要求而采取的提前增加跨中高度的措施。 （　　）

2. 平面管桁架结构的上弦、下弦和腹杆都在同一平面内，结构平面外刚度很好，不需要通过侧向支撑保证结构的侧向稳定。 （　　）

3. 为了保证相贯节点连接的可靠性，节点处主管可以不连续，支管端部插入主管内后焊接即可。 （　　）

4. 当多根桁架杆件相交时，相贯线焊接难度大且不容易满足焊接质量要求，为了方便施工和满足质量要求，可采用铸钢节点替代相贯线节点，桁架杆件与铸钢件对接焊接，如下图。 （　　）

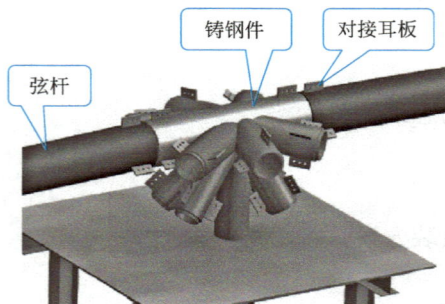

二、填空题

1. 管桁架工程现场焊接主要采用＿＿＿＿＿＿和＿＿＿＿＿＿两种方法。

2. 下图所示是桁架结构安装采用的高空滑移法示意图，图（a）和图（b）分别是＿＿＿＿＿＿法和＿＿＿＿＿＿法。

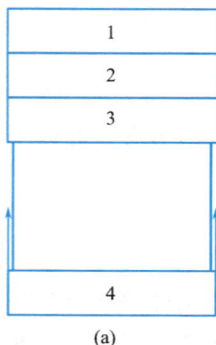

(a)

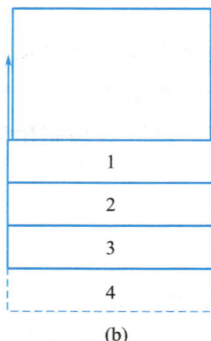

(b)

3. 桁架结构按结构组成及传力体系可分为＿＿＿＿＿＿和＿＿＿＿＿＿两类。

4. 桁架结构安装中常见的安装方法有＿＿＿＿＿＿、＿＿＿＿＿＿和＿＿＿＿＿＿三种。

5. 桁架结构安装工程中，整体安装法所采用的方法一般有＿＿＿＿＿＿、＿＿＿＿＿＿和＿＿＿＿＿＿三种方法。

6. 桁架结构杆件之间的连接一般采用＿＿＿＿＿＿，杆件相贯线切割采用的主要设备是＿＿＿＿＿＿切割机。

7. 管桁架结构是指杆件截面为＿＿＿＿＿＿或＿＿＿＿＿＿的桁架结构。

8. 管桁架的结构是由＿＿＿＿＿＿、＿＿＿＿＿＿和＿＿＿＿＿＿组成。

9. 桁架结构安装采用滑移法时，分为＿＿＿＿＿＿法和＿＿＿＿＿＿法。

模块 5

Modular 05

网架结构工程施工

学习目标

熟悉网架结构分类、力学特点；明确网架结构组成；理解网架结构施工图、加工图组成、图示符号及其含义；正确识读网架结构施工图；熟悉网架结构加工设备性能及正确选择设备；学习编制网架结构加工方案；学习编制网架结构施工安装方案及验收方法。

能力目标

具备网架结构识图、加工制作与施工安装方面的技能，通过课程讲解使学生掌握网架结构的组成、构造、加工工艺、施工安装方法等知识；通过动画、录像、实操训练等强化学生从事网架结构加工制作与施工安装的技能。

素质目标

网架工程应用于体育馆建设，提高了人民健康水平，是满足人民群众对美好生活向往、促进人的全面发展的重要手段，是促进经济社会发展的重要动力，是展示国家文化软实力的重要平台。

思维导图

```
                          ┌─────────────────┐
                          │  网架结构基本知识  │
                          └─────────────────┘
                          ┌─────────────────┐
                          │ 网架结构图纸识读   │
┌──────────────┐         └─────────────────┘
│ 网架结构工程施工 │────────
└──────────────┘         ┌──────────────────┐
                          │ 网架结构的加工与制作 │
                          └──────────────────┘
                          ┌─────────────────┐
                          │  网架结构安装     │
                          └─────────────────┘
```

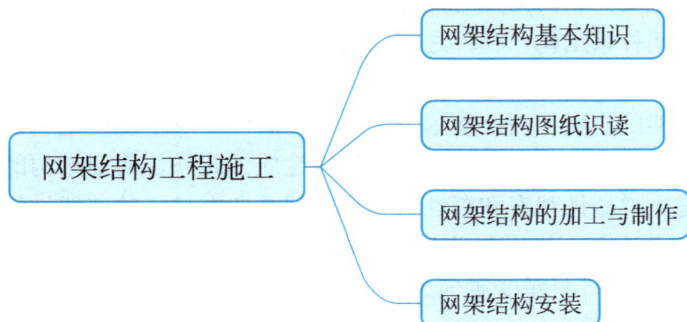

5.1　网架结构基本知识

学习目标

掌握网架结构体系组成、材料、分类、力学特点、常见节点构造与形式。

能力目标

能区分网架结构体系组成、材料、分类、常见节点构造与形式等。

5.1.1　网架结构的特点及应用

网架结构的空间刚度大、整体性好、抗震能力强、自重轻、用钢量省，既适用于中小跨度，也适用于大跨度的房屋；同时也适用于各种平面形式的建筑，如矩形、圆形、扇形及多边形等。

网架结构建筑结构新颖，造型雄伟壮观，场内没有柱子，视野开阔，一出现就引起人们极大的兴趣，既可用于体育馆、俱乐部、展览馆、影剧院、候车大厅、航站楼等公共建筑，近年来也越来越多地用于仓库、飞机库、厂房等。比如国家海洋博物馆、天津博物馆、上海万人体育馆等都采用网架结构，别具风采，如图 5-1 所示。

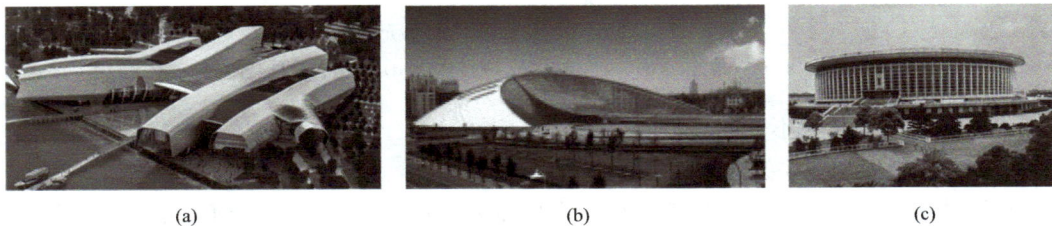

图 5-1　网架（网壳）实例图
（a）国家海洋博物馆；（b）天津博物馆；（c）上海万人体育馆

网架结构的受力特点：

（1）由很多杆件按一定规律组成的网状结构体系，杆件之间互相起支撑作用，形成多向受力的空间结构，整体性强、稳定性好、空间刚度大。

（2）杆件内力主要为轴向力，可充分利用材料强度，减少耗材。

网架是一种空间杆系结构，杆件之间的连接可假定为铰接，忽略节点刚度的影响，不计次应力对杆件内力所引起的变化。由于一般网架均属平板型，受荷后网架在板平面内的水平变位都小于网架的挠度，而挠度远小于网架的高度，属小挠度范畴。也就是说，不必考虑因大变位、大挠度所引起的结构几何非线性性质。此外，网架结构的材料都按弹性受力状态考虑，未进入弹塑性状态和塑性状态，亦即不考虑材料的非线性性质。因此，对网架结构的一般静动力计算，其基本假定可归纳为：

1）节点为铰接，杆件只承受轴向力；

2）按小挠度理论计算；

3）按弹性方法分析。

5.1.2 网架结构的组成与形式

1. 网架结构的组成

网架结构可以看作是平面桁架的横向拓展、也可以看作是平板的格构化。网架结构的起源，据说是仿照金刚钻石原子晶格的空间点阵排布，因而是一种仿生的空间结构，具有很高强度和很大的跨越能力。

5.1 网架结构的特点及应用

（1）网架结构组成的基本单元

网架结构是由许多规则的几何体组合而成的高次超静定空间网格结构，这些几何体就是网架结构的基本单元，常用的基本单元有三角锥、四角锥、三棱体、正方棱柱体等，如图 5-2 所示，此外还有六角锥、八面体、十面体等。网架在任何外力作用下都必须是几何不变体系。

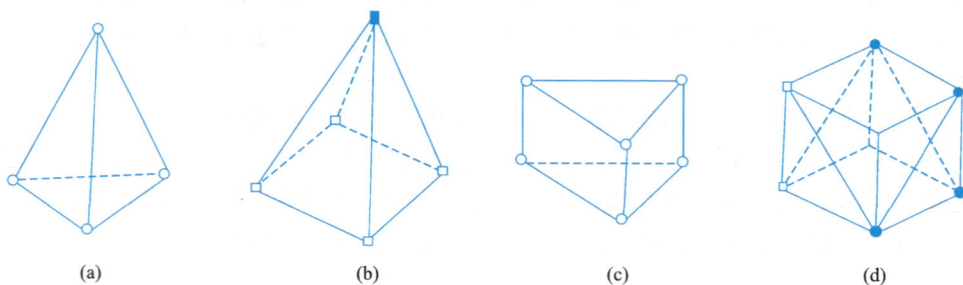

图 5-2 网架结构的基本单元

（a）三角锥；（b）四角锥；（c）三棱体；（d）正方棱柱体

（2）网架结构几何不变的条件

1）网架结构几何不变的必要条件

网架结构是一个空间铰接杆系结构，在任意外力作用下不允许几何可变，故必须进行结构几何不变性分析，以保证结构的几何不变。

网架结构的几何不变性分析必须满足两个条件，一是具有必要的约束数量，如不具备必要的约束数量，这结构肯定是可变体系；二是约束布置方式要合理，如约束布置不合理，虽然满足必要条件，结构仍有可能是可变体系。

2）网架结构几何不变的充分条件

分析网架结构几何不变的充分条件时，应先对组成网架的基本单元进行分析，进而对网架的整体做出评价。

网架结构几何不变的充分条件是：

① 用三个不在一个平面上的杆件汇交于一点，该点为空间不动点，即几何不变的。

② 三角锥是组成空间结构几何不变的最小单元。

③ 由三角形图形的平面组成的空间结构，其节点至少为三平面交汇点时，该结构为几何不变体系。

2. 网架结构的形式

网架结构的形式一般按支承情况、组成单元、层数来分类。

（1）按支承情况分类

按支承情况分为周边支承网架、三边支承网架、两边支承网架、点支承网架、周边支承与点支承相结合的网架等。

1）周边支承网架

周边支承网架是目前采用较多的一种形式，所有边界节点都搁置在柱或梁上，传力直接，网架受力均匀，如图 5-3 所示。

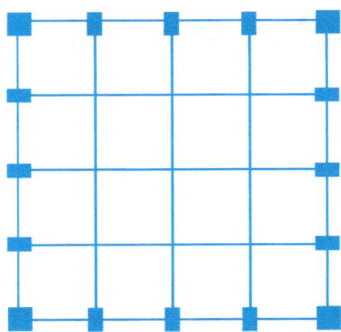

图 5-3　周边支承网架（某体育馆）

当网架周边支承于柱顶时，网格宽度可与柱距一致；当网架支承于圈梁时，网格的划分比较灵活，可不受柱距影响。

2）三边支承的网架

由于建筑功能的要求，在矩形平面的建筑中，由于考虑扩建的可能性或由于需要在一边开口，因而使网架仅在三边支承，另一边为自由边，如图 5-4 所示。自由边的存在对网架的受力是不利的，为此应对自由边作出特殊处理：可在自由边附近增加网架层数或在自由边加设托梁或托架；对中、小型网架，亦可采用增加网架高度或局部加大杆件截面的办法予以加强。

3）两边支承网架

由于建筑功能的要求，在矩形平面的建筑中，由于考虑扩建的可能性或由于需要在两对边上开口，因而使网架仅在或两对边上支承，另两对边为自由边，如图 5-5 所示。自由边的存在对网架的受力是不利的，为此应对自由边作出特殊处理：可在自由边附近增加网

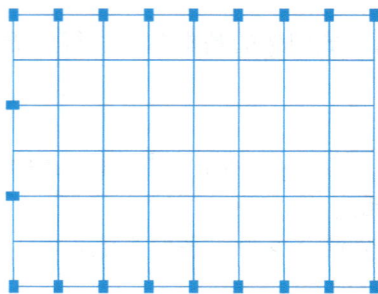

图 5-4　三边支承网架（某机库）

架层数或在自由边加设托梁或托架；对中、小型网架，亦可采用增加网架高度或局部加大杆件截面的办法予以加强。

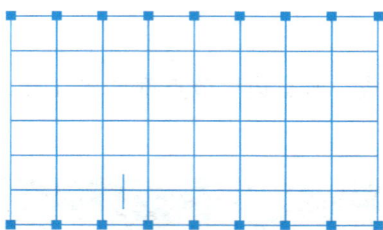

图 5-5　两边支承网架（某小区活动场）

4）点支承网架

一般有四点支承和多点支承两种情形，由于支承点处集中受力较大，宜在周边设置悬挑，以减小网架跨中杆件的内力和挠度，如图 5-6 所示。

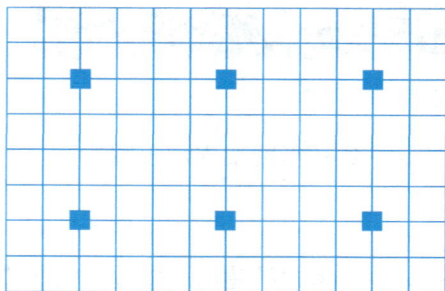

图 5-6　点支承网架（某加油站）

5）周边与点相结合支承的网架

在点支承网架中，当周边没有围护结构和抗风柱时，可采用点支承与周边支承相结合的形式。这种支承方法适用于工业厂房和展览厅等公共建筑，如图 5-7 所示。

6）悬挑网架

为满足一些特殊的需要，有时候网架结构的支承形式为一边支承、三边自由，为使网架结构的受力合理，也必须在另一方向设置悬挑，以平衡下部支承结构的受力，使之趋于

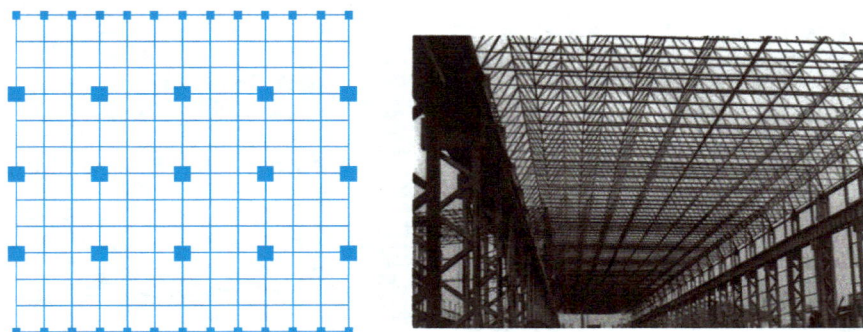

图 5-7　周边支承与点支承相结合的网架（某生产车间）

合理，比如体育场看台罩棚，如图 5-8 所示。

图 5-8　悬挑网架（某看台罩棚）

3. 按组成单元分类

网架结构按组成单元分为由平面桁架组成的网架、由四角锥体组成的网架、由三角锥体组成的网架等。

（1）由平面桁架组成的网架

1）两向正交正放网架

两向正交正放网架是由两组平面桁架互成 90°交叉而成，弦杆与边界平行或垂直。上、下弦网格尺寸相同，同一方向的各平面桁架长度一致，制作、安装较为简便。由于上、下弦为方形网格，属于几何可变体系，应适当设置上下弦水平支撑，以保证结构的几何不变性，有效地传递水平荷载，如图 5-9 所示。

2）两向正交斜放网架

两向正交斜放网架由两组平面桁架互成 90°交叉而成，弦杆与边界成 45°角，边界可靠时，为几何不变体系。各榀桁架长度不同，靠角部的短桁架刚度较大对与其垂直的长桁架有弹性支撑作用，可以使长桁架中部的正弯矩减小，因而比正交正放网架经济。不过由于长桁架两端有负弯矩，四角支座将产生较大拉力。角部拉力应由两个支座负担。两向正交斜放网架适用于建筑平面为正方形或长方形情况，如图 5-10 所示。首都体育馆（99m×112.2m）和山东体育馆（62.7m×74.1m）采用了这种网架结构形式。

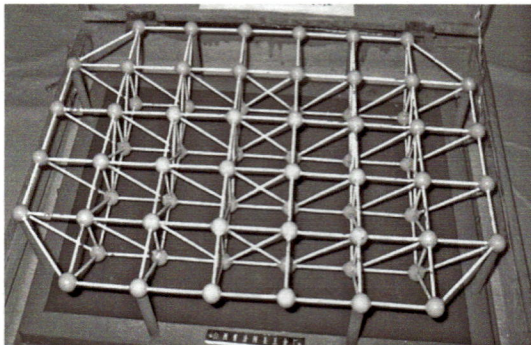

图 5-9　两向正交正放网架

图 5-10　两向正交斜放网架

3）两向斜交斜放网架

两向斜交斜放网架由两组平面桁架斜向相交而成，弦杆与边界成一斜角，如图 5-11 所示。这类网架在网格布置、构造、计算分析和制作安装上都比较复杂，而且受力性能也比较差，除了特殊情况外，一般不宜使用。

4）三向网架

三向网架由三组互成 60° 交角的平面桁架相交而成，如图 5-12 所示。这类网架受力均匀，空间刚度大。但也存在一定的不足，即在构造上汇交于一个节点的杆件数量多，最多可达 13 根，节点构造比较复杂。宜采用圆钢管杆件及球节点。

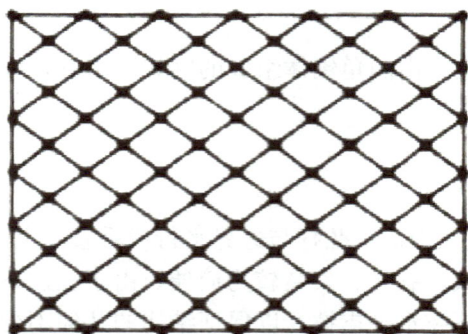

图 5-11　两向斜交斜放网架

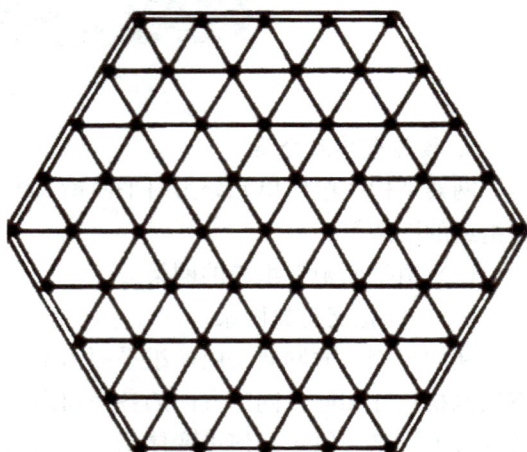

图 5-12　三向网架

三向网架适用于大跨度（$L > 60m$）而且建筑平面为三角形、六边形、多边形和圆形等平面形状比较规则的情况，上海体育馆（$D = 110m$ 圆形）和江苏体育馆（76.8m × 88.681m 八边形）较早地采用了这种网架结构形式。

（2）由四角锥体组成的网架

四角锥网架的上、下弦均呈正方形（或接近正方形的矩形）网格，相互错开半格，使下弦网格的角点对准上弦网格的形心，再在上下弦节点间用腹杆连接起来，即形成四角锥体系网架。四角锥体系网架有如下五种形式。

1）正放四角锥网架

正放四角锥网架由倒置的四角锥体组成，锥底的四边为网架的上弦杆，锥棱为腹杆，各锥顶相连即为下弦杆。它的弦杆均与边界正交，故称为正放四角锥网架，如图 5-13 所示。

这类网架杆件受力均匀，空间刚度比其他类的四角锥网架及两向网架好。屋面板规格单一，便于起拱，屋面排水也较容易处理。但杆件数量较多，用钢量略高。

正放四角锥网架适用于建筑平面接近正方形的周边支承情况，也适用于屋面荷载较大、大柱距点支承及设有悬挂吊车的工业厂房情况。较为典型的工程实例如上海静安区体育馆（40m×40m）和杭州歌剧院（31.5m×36m）。

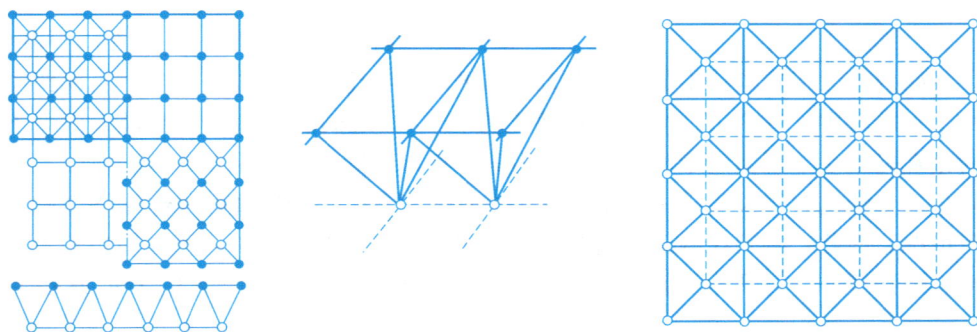

图 5-13　正放四角锥网架

2）正放抽空四角锥网架

正放抽空四角锥网架是在正放四角锥网架的基础上，除周边网格不动外，适当抽掉一些四角锥单元中的腹杆和下弦杆，使下弦网格尺寸扩大一倍，如图 5-14 所示。其杆件数目较少，降低了用钢量，抽空部分可作采光天窗，下弦内力较正放四角锥约放大一倍，内力均匀性、刚度有所下降，但仍能满足工程要求。

正放抽空四角锥网架适用于屋面荷载较轻的中、小跨度网架。

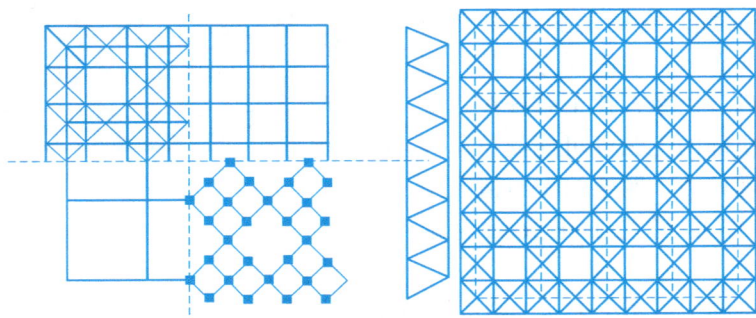

图 5-14　正放抽空四角锥网架

某铁路枢纽南站货棚（132m×132m，柱网 24m×24m，多点支承）和某齿轮厂联合厂房（84m×156.9m，柱网 12m×12m，周边支承与多点支承相结合）是采用这种网架形式较早的典型实例。

图 5-15　斜放四角锥网架

3）斜放四角锥网架

斜放四角锥网架的上弦杆与边界成45°角，下弦正放，腹杆与下弦在同一垂直平面内，如图 5-15 所示。上弦杆长度约为下弦杆长度的 0.707 倍。在周边支承情况下，一般为上弦受压，下弦受拉。节点处汇交的杆件较少（上弦节点 6 根，下弦节点 8 根），用钢量较省。但因上弦网格斜放，屋面板种类较多。屋面排水坡的形成也较困难。

当平面长宽比为 1～2.25 之间时，长跨跨中下弦内力大于短跨跨中的下弦内力；当平面长宽比大于 2.5 之间时，长跨跨中下弦内力小于短跨跨中下弦内力。当平面长宽比为 1～1.5 之间时，上弦杆的最大内力不在跨中，而是在网架 1/4 平面的中部。这些内力分布规律不同于普通简支平板的规律。

斜放四角锥网架当采用周边支承且周边无刚性联系时，会出现四角锥体绕 Z 轴旋转的不稳定情况。因此，必须在网架周边布置刚性边梁。当为点支承时，可在周边布置封闭的边桁架。适用于中、小跨度周边支承，或周边支承与点支承相结合的方形或矩形平面情况。

某体育馆练习馆（35m×35m，周边支承）和北京某机库（48m×54m，三边支承，开口）采用了这种网架结构形式。

4）星形四角锥网架

这种网架的单元体形似星体，星体单元由两个倒置的三角形小桁架相互交叉而成，如图 5-16 所示。两个小桁架底边构成网架上弦，它们与边界成 45°角。在两个小桁架交汇处设有竖杆，各单元顶点相连即为下弦杆。因此，它的上弦为正交斜放，下弦为正交正放，斜腹杆与上弦杆在同一竖直平面内。上弦杆比下弦杆短，受力合理。但在角部的上弦杆可能受拉。该处支座可能出现拉力。网架的受力情况接近交叉梁系，刚度稍差于正放四角锥网架。

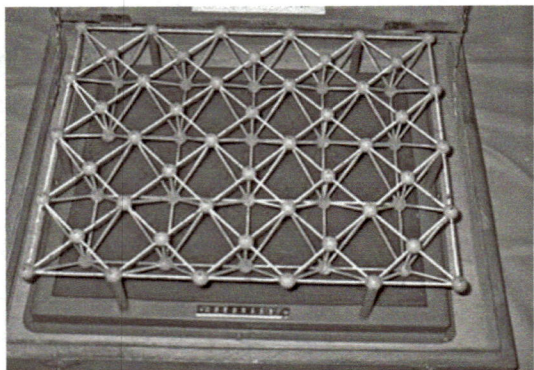

图 5-16　星形四角锥网架

星形四角锥网架适用于中、小跨度周边支承的网架。某起重机械厂食堂（28m×36m）和中国某学院风雨操场（27m×36m）采用了这种网架结构形式。

5）棋盘形四角锥网架

棋盘形四角锥网架是在斜放四角锥网架的基础上，将整个网架水平旋转 45°角，并加设平行于边界的周边下弦；也具有短压杆、长拉杆的特点，受力合理；由于周边满锥，它的空间作用得到保证，受力均匀，如图 5-17 所示。棋盘形四角锥网架的杆件较少，屋面板规格单一，用钢指标良好。适用于小跨度周边支承的网架。

大同某矿井食堂（28m×18m）采用了这种网架结构形式。

（3）由三角锥体组成的网架

这类网架的基本单元是一倒置的三角锥体。锥底的正三角形的三边为网架的上弦杆，其棱为网架的腹杆。随着三角锥单元体布置的不同，上下弦网格可为正三角形或六边形，从而构成不同的三角锥网架。

1）三角锥网架

三角锥网架上下弦平面均为三角形网格，下弦三角形网格的顶点对着上弦三角形网格的形心，如图 5-18 所示。三角锥网架受力均匀，整体抗扭、抗弯刚度好；节点构造复杂，上下弦节点交汇杆件数均为 9 根。适用于建筑平面为三角形、六边形和圆形的情况。

上海某俱乐部剧场（六边形，外接圆直径 24m）采用了这种网架结构形式。

图 5-17　棋盘形四角锥网架

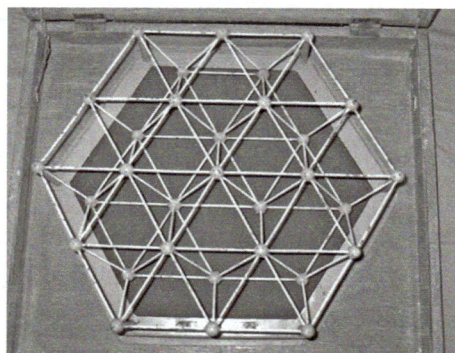

图 5-18　三角锥网架

2）抽空三角锥网架

抽空三角锥网架是在三角锥网架的基础上，抽去部分三角锥单元的腹杆和下弦而形成的。当下弦由三角形和六边形网格组成时，称为抽空三角锥网架Ⅰ型；当下弦全为六边形网格时，称为抽空三角锥网架Ⅱ型，如图 5-19 所示。

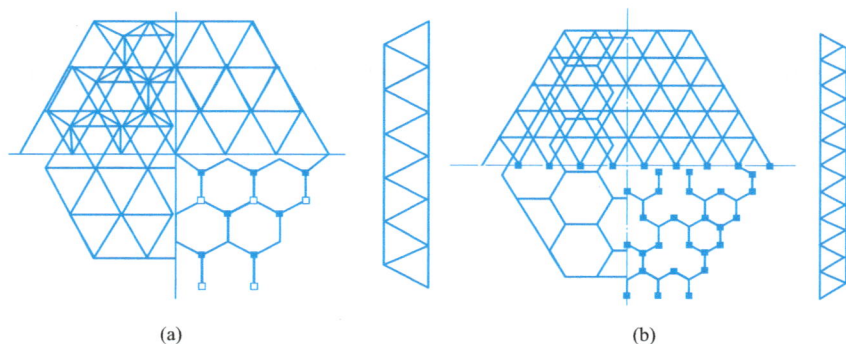

(a)　　　　　　　　　　　　　(b)

图 5-19　抽空三角锥网架

（a）Ⅰ型；（b）Ⅱ型

141

这种网架减少了杆件数量，节省用钢量，但空间刚度也较三角锥网架小。上弦网格较密，便于铺设屋面板，下弦网格较疏，以节省钢材。

抽空三角锥网架适用于荷载较小、跨度较小的三角形、六边形和圆形平面的建筑。

天津塘沽车站候车室（$D=47.18m$，周边支承）较早采用了这种网架结构形式。

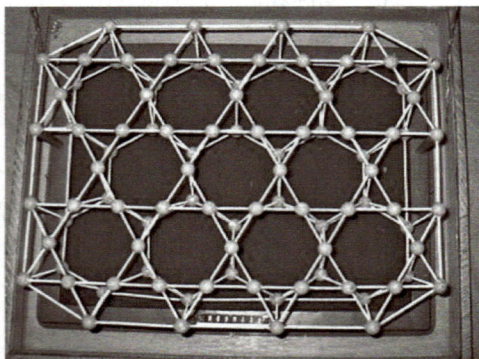

图 5-20 蜂窝形三角锥网架

（3）蜂窝形三角锥网架

蜂窝形三角锥网架由一系列的三角锥组成。上弦平面为正三角形和正六边形网格，下弦平面为正六边形网格，腹杆与下弦杆在同一垂直平面内，如图 5-20 所示。上弦杆短、下弦杆长，受力合理，每个节点只汇交 6 根杆件，是常用网架中杆件数和节点数最少的一种。但是，上弦平面的六边形网格增加了屋面板布置与屋面找坡的困难。

蜂窝形三角锥网架适用于中、小跨度周边支承的情况，可用于六边形、圆形或矩形平面。

天津某住宅区影剧院（44.4m×8.45m）和开滦林西矿会议室（14.4m×203.79m）较早采用了这种网架结构形式。

3. 按层数分类

网架结构按层数分常见的有双层网架和三层网架等。

（1）双层网架

双层网架是由上弦层、下弦层和腹杆层组成的空间结构，是最常用的一种网架结构，如图 5-21 所示。

双层网架结构的形式很多，目前常用的平板网架有交叉桁架体系和空间桁架体系两大类：前者是由一些平行弦的平面桁架组成，杆件较多，但刚度也较大，因而对各种跨度建筑的适应性大；后者是由一些锥体形成的空间桁架所组成，杆件较少，因而刚度也较小，特别是抽去局部锥体后组成的网架杆件更少，构造简单，不过刚度也因此而减弱。所以这类平板网架只适用于中小跨度的建筑物。

（2）三层网架

三层网架由上弦层、中弦层、下弦层、上腹杆层和下腹杆层等组成的空间结构，如图 5-22 所示。

图 5-21 双层网架示意图

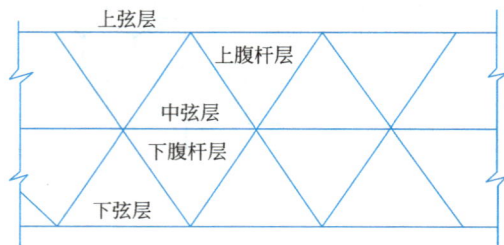

图 5-22 三层网架示意图

上弦层
上腹杆层
中弦层
下腹杆层
下弦层

三层网架的特点是：提高网架高度，减小网格尺寸；减少弦杆内力，根据资料表明，三层网架比双层网架降低弦杆内力 25％～60％，扩大螺栓球节点应用范围；减少腹杆长度，一般情况下，三层网架腹杆长度仅为双层网架腹杆长度的一半，便于制作和安装。

三层网架也存在不足之处是节点和杆件数量增多，中层节点上的连接和杆件较密。计算表明：当网架跨度大于 50m 时，三层网架用钢量比双层网架用钢量省，且随跨度增加用钢量降低越显著。

4. 按照跨度分类

网架结构按照跨度分类时，我们把跨度 $L \leq 30m$ 的网架称之为小跨度网架；跨度 $30m < L \leq 60m$ 时为中跨度网架；跨度 $L > 60m$ 为大跨度网架。此外，随着网架跨度的不断增大，出现了特大跨度和超大跨度的说法，但目前还没有严格的定义：一般地，当 $L > 90m$ 或 120m 时称为特大跨度；当 $L > 150m$ 或 180m 时为超大跨度。

5.1.3　网架结构的材料

我国的建筑用钢主要有碳素结构钢和低合金高强度结构钢两种。优质碳素结构钢在冷拔碳素钢丝和连接用紧固件中也有应用。另外，厚度方向性能钢板、焊接结构用耐候钢、铸钢等在某些情况下也有应用。网架结构的杆件采用圆钢管，根据加工方式的不同分为无缝钢管和焊接钢管两种，如图 5-23 所示。

5.2　网架结构的组成与形式

(a)　　　　　　　　　　　　　　(b)

图 5-23　圆钢管

（a）无缝钢管；（b）焊接钢管

项目拓展

1. 现场实地参观网架结构建筑。
2. 借助互联网了解网架结构实际工程；了解网架结构的应用。

项目巩固

绘制本项目的知识点思维导图。

5.2 网架结构图纸识读

能正确识读网架结构施工图并组织图纸会审与交底。

具备正确识读网架结构施工图并组织图纸会审与交底的能力。

5.2.1 网架结构图纸识读

网架施工图包含：网架平、剖面布置图；网架杆件、球节点布置图；说明及材料表；支点、支座反力及预埋件间距与尺寸；屋面排水坡度及方向；其他特殊说明（如悬挂节点等）。

5.2.2 网架结构的连接

（1）网架结构杆件连接节点

网架的节点分为焊接钢板节点、焊接空心球节点和螺栓球节点等。

1）焊接钢板节点

焊接钢板节点，一般由十字节点板和盖板组成。十字节点板用两块带企口的钢板对插焊接而成，也可由 3 块焊成，焊接钢板节点多用于双向网架和四角锥体组成的网架（图 5-24）。

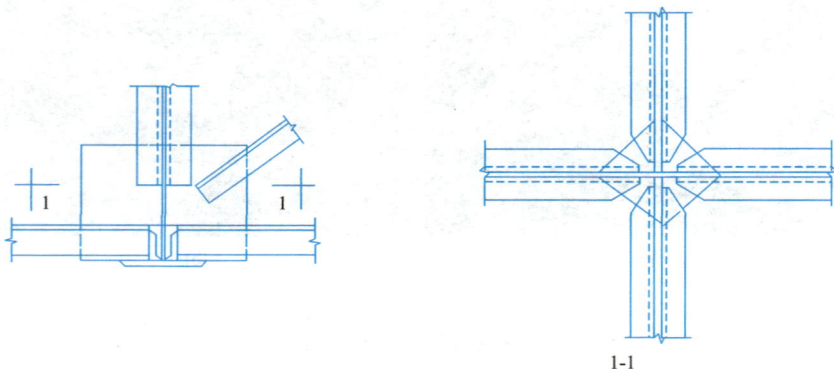

图 5-24 双向网架的节点构造

2）焊接空心球节点

空心球是由两个压制的半球焊接而成，分为加肋和不加肋两种（图 5-25）。适用于钢管杆件的连接。

当空心球的外径等于 1300mm 时，且内力较大，需要提高承载能力时，球内可加环肋，其厚度不应小于球壁厚，同时杆件应连接在环肋的平面内。

球节点与杆件相连接时，两杆件在球面上的距离不得小于 20mm（图 5-26）。

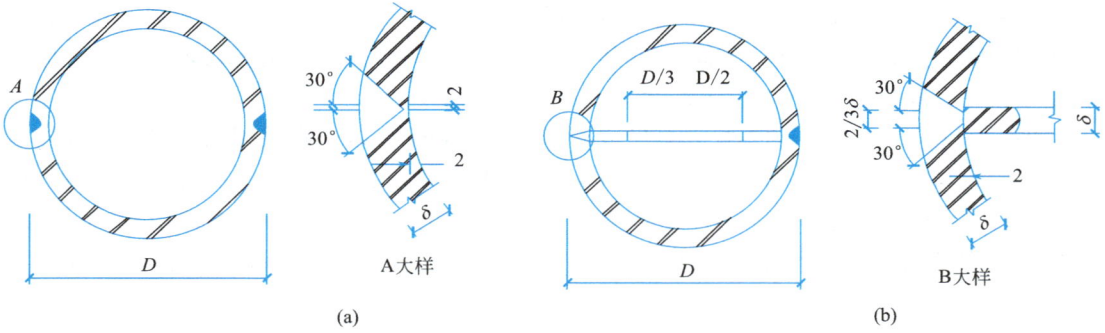

图 5-25　空心球剖面图

（a）不加肋；（b）加肋

　　焊接球节点的半圆球，宜用机床加工成坡口。焊接后的成品球的表面应光滑平整，不得有局部凸起或褶皱，其几何尺寸和焊接质量应符合设计要求。成品球应按 1‰ 作抽样无损检查。

　　3）螺栓球节点

　　螺栓球节点是通过螺栓将管形截面的杆件和钢球连接起来的节点，一般由螺栓、钢球、销钉、套管和锥头或封板等零件组成（图 5-27）。

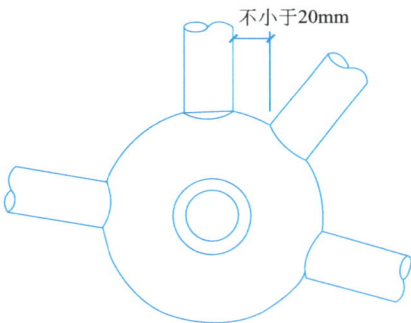

图 5-26　空心球节点示意图

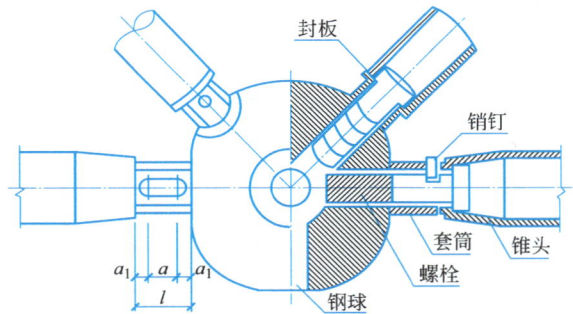

图 5-27　螺栓球节点示意图

　　4）网架支座节点

　　常用的压力支座节点有 4 种：

　　① 平板压力支座节点（图 5-28）

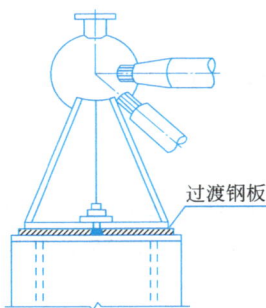

图 5-28　网架平板支座节点图

这种节点由十字形节点板和一块底板组成，构造简单、加工方便、用钢量省。但其支承板下的摩擦力较大，支座不能转动或移动，支承板下的应力分布也不均匀，和计算假定相差较大，一般只适用于较小跨度（≤40m）的网架。

平板压力支座底板上的螺栓孔可做成椭圆孔，以利于安装；宜采用双螺母，并在安装调整完毕后与螺杆焊死。螺栓直径一般取 M16～M24，按构造要求设置。螺栓在混凝土中的锚固长度一般不宜小于 $25d$（不含弯钩）。网架结构的平板压力支座中的底板、节点板、加劲肋及焊缝的计算、构造要求均与平面钢桁架支座节点的有关要求相似，此处不再赘述。

② 单面弧形压力支座节点（图 5-29）

这种支座的构造与平板压力支座相似，是平板压力支座的改进形式。它在支座板与支承板之间加一弧形支座垫板，使之能转动。弧形垫板一般用铸钢或厚钢板加工而成。从而使支座可以产生微量转动和移动（线位移），支承垫板下的反力比较均匀，改善了较大跨度网架由于挠度和温度应力影响的支座受力性能，但摩擦力仍较大。为使支座转动灵活，可将两个螺栓放在弧形支座的中心线上；当支座反力较大，需要采用四个螺栓时，为不影响支座的转动，可在置于支座四角的螺栓上部加设弹簧，弹簧的作用是当支座在弧面上转动时可作调节。为保证支座能有微量移动（线位移），网架支座栓孔应做成椭圆孔或大圆孔。

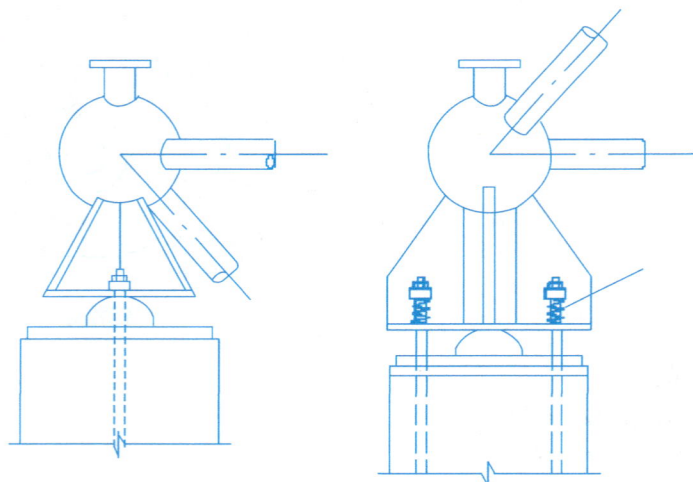

图 5-29　单面弧形压力支座节点图

单面弧形支座板的材料一般用铸钢，也可以用厚钢板加工而成，适用于大跨度网架的压力支座。

③ 双面弧形压力支座节点（图 5-30）

当网架的跨度较大，温度应力影响显著，而且支座处的约束又比较强，以上两种支座节点往往不能满足要求。这时应选择一种既能自由伸缩又能自由转动的支座节点。双面弧形压力支座基本上能满足这种要求。

这种节点又称摇摆支座节点，它是在支座板与柱顶板之间设一块上下均为弧形的铸钢

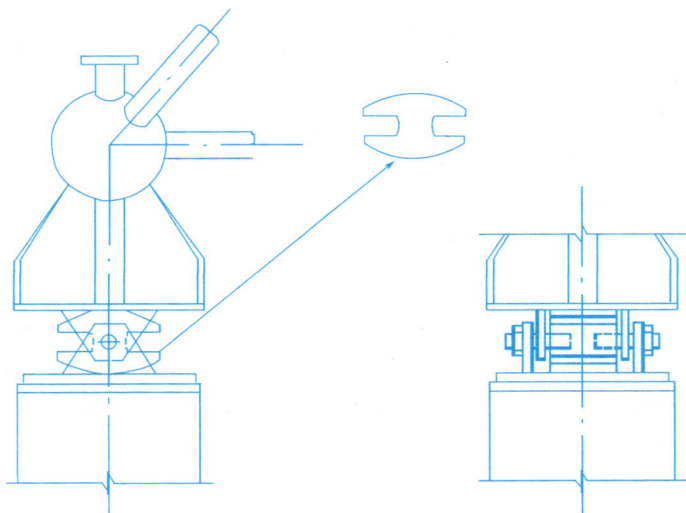

图 5-30 双面弧形压力支座

件。在铸钢件两侧设有从支座板与柱顶板上分别焊出带有椭圆孔的梯形钢板，以螺栓将这三者连系在一起。这样，在正常温度变化下，支座可沿铸钢块的两个弧面作一定的转动和移动。

这种支座节点构造比较符合不动圆柱铰支承的假定，适用于跨度大、支承网架的柱子或墙体的刚度较大、周边支承约束较强、温度应力也较显著的大型网架。但其构造较复杂、加工麻烦、造价较高，而且只能在一个方向转动。

④ 球形铰压力支座节点（图 5-31）

对于跨度较大或带悬伸的四点支承或多点支承的网架，为适应支座能在两个方向作微量转动而不产生线位移和弯矩，采用球形铰压力支座节点。这种支座节点的构造特点是以一个凸出的实心半球，嵌合在一个凹进的半球内。

在任何方向都能转动，而不产生弯矩，并在 x、y、z 三个方向都不会产生线位移。比较符合不动球铰支座支承的计算图式。为防止地震作用或其他水平力的影响使凹球与凸球脱离，支座四周应以锚栓固定，并应在螺母下放置压力弹簧，以保证支座的自由转动而不受锚栓的约束影响。在构造上凸球面的曲率半径应较凹球面的曲率半径小一些，以便接触面呈点接触，利于支座的自由转动。这种节点适用于四点支承或多点支承的大跨度网架的压力支座。

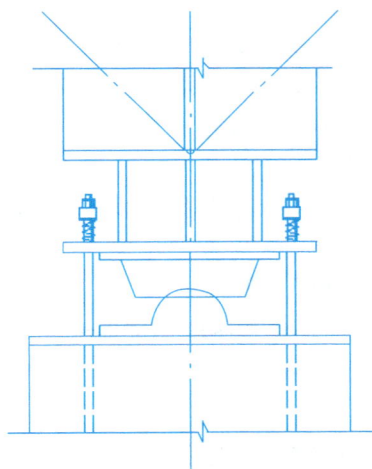

图 5-31 球形支座图

以上 4 种支座用螺栓固定后，应加副螺母等防松，螺母下面的螺纹段的长度不宜过长，避免网架受力时产生反作用力，即向上翘起及产生侧向拉力而使螺母松脱或螺纹断裂。

⑤ 拉力支座节点

有些周边支承的网架，如斜放四角锥网架、两向正交斜放网架，在角隅处的支座上往往产生拉力，故应根据承受拉力的特点设计成拉力支座。在拉力支座节点中，一般都是利用锚栓来承受拉力的，锚栓的位置应尽可能靠近节点的中心线。为使支承板下不产生过大的摩擦力，让网架在温度变化时，支座有可能作微小的移动和转动，一般都不要将锚栓过分拧紧。锚栓的净面积可根据支座拉力 N 的大小计算。

常用的拉力支座节点有下列两种型式：

A. 平板拉力支座节点

对于较小跨度网架，支座拉力较小，可采用与平板压力支座相同的构造。利用连接支座与支承校的锚栓来承受拉力。锚栓的直径按计算确定，一般锚栓直径不小于 20mm。锚栓的位置应尽可能靠近节点的中心线。平板拉力支座节点构造比较简单，适用于较小跨度网架。

B. 弧形拉力支座节点

弧形拉力支座节点的构造与弧形压力支座相似。支承平面做成弧形，以利于转动。为了更好地将拉力传递到支座上，在承受拉力的锚栓附近的节点板应加肋以增强节点刚度，弧形支承板的材料一般用铸钢或厚钢板加工而成。

为了转动方便，最好将螺栓布置在或尽量靠近在节点中心位置。同时不要将螺母拧得太紧，以便使网架产生位移或转角时，支座板可以比较自由地沿弧面移动或转动。这种节点适用于中、小跨度的网架。

5.3 网架结构的连接与构造

项目拓展

1. 现在实地参观网架结构建筑，对网架结构的连接和构造作进一步了解。
2. 借助互联网了解更多的网架结构实际工程案例。

项目巩固

绘制本项目学习内容的思维导图。

实训课题

网架结构图纸识读训练。

实训目的

能够熟练识读网架结构施工图。

实训程序

1. 老师讲解看图的要领，介绍施工图的组成，强调识图注意事项。
2. 到类似工程工地参观后进一步识读施工图。
3. 每组每位学生写一份实训报告，并以小组为单位汇报。

5.3　网架结构的加工与制作

学习目标

掌握网架结构主结构构件的加工制作流程与加工工艺；能编制网架结构加工制作方案。

能力目标

具备编制网架结构加工与制作方案并付诸实施能力

5.3.1　网架结构杆件的加工

1. 杆件制作工艺流程

杆件制作工艺流程如图 5-32 所示。

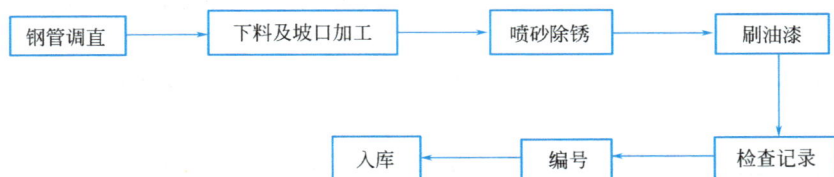

钢管调直　→　下料及坡口加工　→　喷砂除锈　→　刷油漆

入库　←　编号　←　检查记录　←

图 5-32　杆件制作工艺流程

2. 杆件制作要求

（1）钢管调直，采用人工冷矫正，对于有明显凹面、划痕深度大于 0.5mm 的钢管严禁使用。矫正后的钢管直线度偏差不得超过 2mm。

（2）杆件下料必须用机械切割，严禁使用电弧和氧气切割，当使用氧炔焰断切时，应将端口采用磨光机砂磨至露出金属光泽，杆件端面与轴线的垂直允许误差为 $L/200$，杆件长度的允许误差为 ± 1mm，管口曲线允许偏差为 1mm。

（3）除锈：网架结构配件的除锈均采用机械打磨除锈，再用布条除去油污，金属表面必须露出金属本色，清理干净、干燥后方可进行下一道工序。

（4）涂装：即涂刷红丹防锈漆，采用空压机喷涂。严防流挂、返粘、皱纹等现象的发生。防锈漆涂层总厚度应满足设计和规范要求。

（5）由专职质检员负责各道工序的检查、记录、编号、堆放，不得有漏记、误记现象。

1）包装在涂层干燥后进行；包装保护构件涂层不受损伤，保证构件、零件不变形、不损坏、不散失；包装要符合公司质量体系文件的有关规定。

2）螺纹涂防锈剂并包裹，传力铣平面和铰轴孔的内壁涂抹防锈剂，铰轴和铰轴孔采取保护措施。

3）包装箱上标注构件、零件的名称、编号、重量等，并填写包装清单。

4）运输网架构件时，根据网架构件的长度、重量选用合适的车辆；网架构件在运输车辆上的支点、两端伸出的长度及绑扎方法均须保证网架构件不产生变形、不损伤涂层。

图 5-33 网架构件临时存放

5）网架构件存放场地应平整坚实，无积水。构件按种类、型号、安装顺序分区存放；底层垫枕应有足够的支承面，并防止支点下沉。相同型号的网架构件叠放时，各层网架构件的支点应在同一垂直线上，并防止网架构件被压坏和变形。如图5-33 所示。

（6）质检员应复核入库。

5.3.2 网架结构节点的加工

1. 网架结构的节点形式及选择

网架的节点型式很多，不同的分类方式可以分出不同的类型。网架的节点形式主要有：

（1）按节点在网架中的位置可分为：中间节点（网架杆件交汇的一般节点）、再分杆节点、屋脊节点和支座节点。

（2）按节点连接方式可以分为焊接连接节点、高强度连接节点、焊接和高强度螺栓混合连接节点。

（3）按节点的构造型式可分为板节点、半球节点、球节点、钢管圆筒节点、钢管鼓节点等。我国最常用的是钢板节点、焊接空心球节点、螺栓球节点等。

网架节点型式的选择要根据网架类型、受力性质、杆件截面形状、制造工艺和安装方法等条件而定。例如对于交叉平面桁架体系中的两向网架，用角钢作杆件时，一般多采用钢板节点；对于空间桁架体系（四角锥、三角锥体系等）网架，用圆钢管作杆件时，若杆件内力不是非常大（一般≤750kN），可采用螺栓球节点，若杆件内力非常大，一般应采用焊接空心球节点。

2. 螺栓球节点

螺栓球节点是通过螺栓将圆钢管杆件和钢球连接起来的一种节点形式，如前图 5-26 所示。这种节点对空间汇交的圆钢管杆件适应性强，杆件连接不会产生偏心，没有现场焊接作业，运输、安装方便。

（1）螺栓球节点的组成、材料、特点

螺栓球一般由钢球、高强度螺栓、紧固螺钉（或销子）、套筒和锥头或封板等零件组成，适合于连接圆钢管杆件。螺栓球节点的优点是节点小、重量轻，节点用钢量约占网架用钢量的10%。可用于任何形式的网架，特别适用于四角锥或三角锥体系的网架。这种节点安装极为方便，可拆卸，安装质量易得到保证。可以根据网架具体情况采用散装、分条拼装和整体拼装等安装方法。

螺栓球节点的缺点是，球体加工复杂、零部件多、加工精度要求高；价格贵；所需钢号不一，工序复杂。

（2）螺栓球节点的构造原理及受力特点

1）构造原理

螺栓球节点的连接构造原理如图
5-34 所示，先将置有高强度螺栓的锥头
或封板焊在钢管杆件的两端，在伸出锥
头或封板的螺杆上套上带有紧固螺钉孔
的六角套筒（又称无纹螺母），拧入紧
固螺钉使其端部进入位于高强度螺栓无
螺纹段上的滑槽内。拼装时，拧转套
筒，通过紧固螺钉带动高强度螺栓转
动，使螺栓旋入钢球体。在拧紧过程
中，紧固螺钉沿螺栓上的滑槽移动，当
高强度螺栓紧至设计位置时，紧固螺钉
也到达滑槽端头的深槽，将螺钉旋入深
槽固定，就完成了拼装过程。

图 5-34　螺栓球节点

2）受力特点

拧紧螺栓的过程，相当于对节点施加预应力的过程。预应力的大小与拧紧程度成正
比。此时螺栓受预拉力，套筒受预压力；在节点上形成自相平衡的内力，而杆件不受力。
当网架承受荷载后，拉杆内力通过螺栓受拉传递，随着荷载的增加，套筒预压力逐渐减
小，到破坏时，杆件压力全由套筒承受。

3）高强度螺栓

为使高强度螺栓的头部能在锥头或封板内转动方便，应将高强度螺栓大六角头改制为
圆头（图 5-35）。

图 5-35　高强度螺栓

5.4　螺栓球
抗拉试验

4）套筒（无纹螺母）

套筒的作用是拧紧高强度螺栓，承受圆钢管杆件传来的压力，如图 5-36 所示。套筒
的外形尺寸应符合扳手开口尺寸系列，端部保持平整，内孔径可比高强度螺栓直径
大 1mm。

套筒端部到紧固螺钉孔边缘的距离应使该处有效截面抗剪承载力与紧固螺钉抗剪承载力进行计算确定，且不应小于紧固螺钉孔径的 1.5 倍和 6mm，以保证套筒的整体刚性和扭矩。

5）紧固螺钉

紧固螺钉的作用是扳手拧转套筒螺栓时，紧固螺钉承受剪力，如图 5-37 所示。当高强度螺栓拧至设计所要求深度时，紧固螺钉到达螺栓的滑槽端部的深槽，将紧固螺钉旋入深槽，加以固定，防止套筒松动。

图 5-36 套筒（无纹螺母）

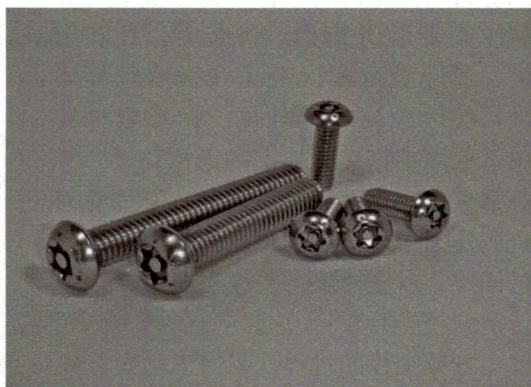

图 5-37 紧固螺钉

紧固螺钉采用高强度钢材制成，并经热处理，其直径一般可取高强度螺栓直径的 0.2～0.3 倍且不宜小于 M4，也不宜大于 M10，螺纹按 3 级精度加工。

6）锥头和封板

当圆钢管杆件直径≥76mm 时，宜采用锥头，如图 5-38（a）所示。锥头的任何截面均应与杆件截面等强度；锥头底板的厚度不宜小于被连接杆件外径的 1/6。锥头底板外侧平直部分的外接圆直径一般取高强度螺栓直径的 1.8 倍加 3～5mm；锥头斜向筒壁的坡度应≤1/4。

当圆钢管杆件直径＜76mm 时，可采用封板，如图 5-38（b）所示。其厚度不宜小于杆件外径的 1/5。

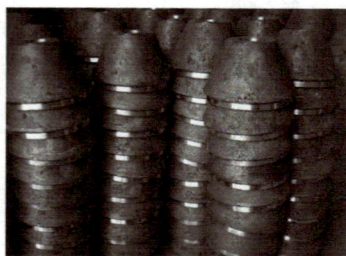

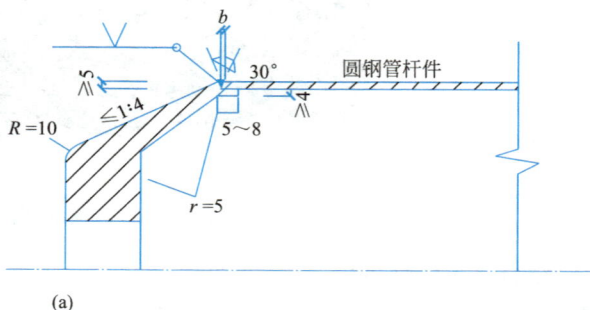

(a)

图 5-38 锥头或封板与钢管的连接（一）

(a) 锥头与钢管的连接

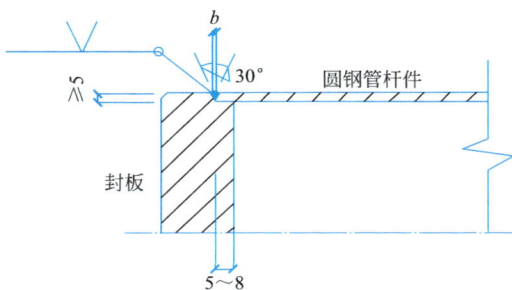

(b)

图 5-38　锥头或封板与钢管的连接（二）

（b）封板与钢管的连接

（3）螺栓球的加工

螺栓球毛坯的加工方法有两种：铸造和模锻。铸造球容易产生裂缝、砂眼；模锻质量好，工效高、成本低。螺栓球加工前应先加工一个分度夹具，制造夹具时应尽可能提高精度，因为分度夹具的精度约为工件成品精度的 3 倍左右，反过来说，用某级别精度加工的工件，要降低精度 3 倍。螺栓球在车床上加工时，先加工平面螺孔。再用分度夹具加工斜孔，各螺孔螺纹尺寸应符合规定。螺孔角度、螺孔端面距球心尺寸允许偏差如图 5-39 所示。螺孔角度的量测可用测量芯棒、高度尺、分度头等配合进行。

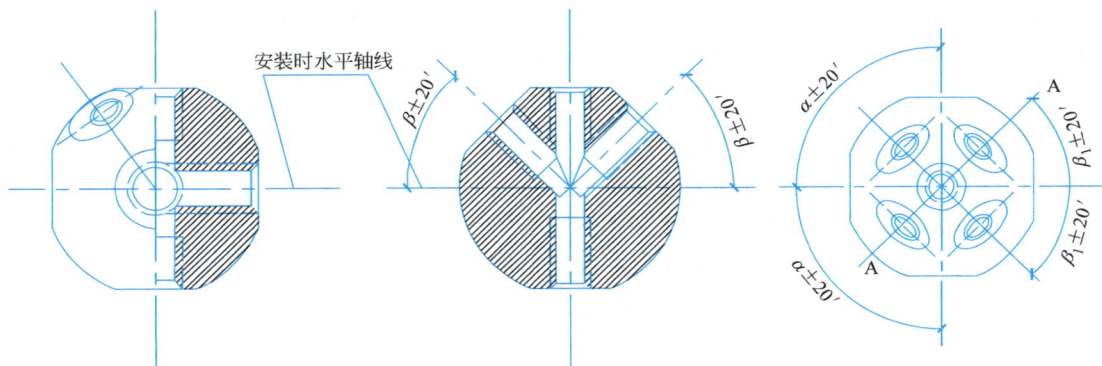

α—弦杆角度；β—腹杆与弦杆螺孔轴线平面间夹角；

β_1—腹杆螺孔轴线在弦杆螺孔轴线平面上的投影与弦杆螺孔轴线间夹角

图 5-39　螺孔角度及螺孔断面距球心尺寸允许偏差

3. 焊接空心球节点

当网架杆件内力很大（一般≥750kN）时，若仍采用螺栓球节点，会造成钢球过大而使用钢量增多。此时应考虑采用焊接空心球节点，如图 5-40 所示。

（1）焊接空心球节点材料

焊接空心球节点是用两块圆钢板（钢号 Q235 钢或 Q345 钢）经热压或冷压成两个半球后对焊而成的。钢球外径一般为 160～500mm。分加肋和不加肋两种，肋板厚度与球壁等厚，肋板可用平台或凸台，当采用凸台时，其高度应≤1mm。

153

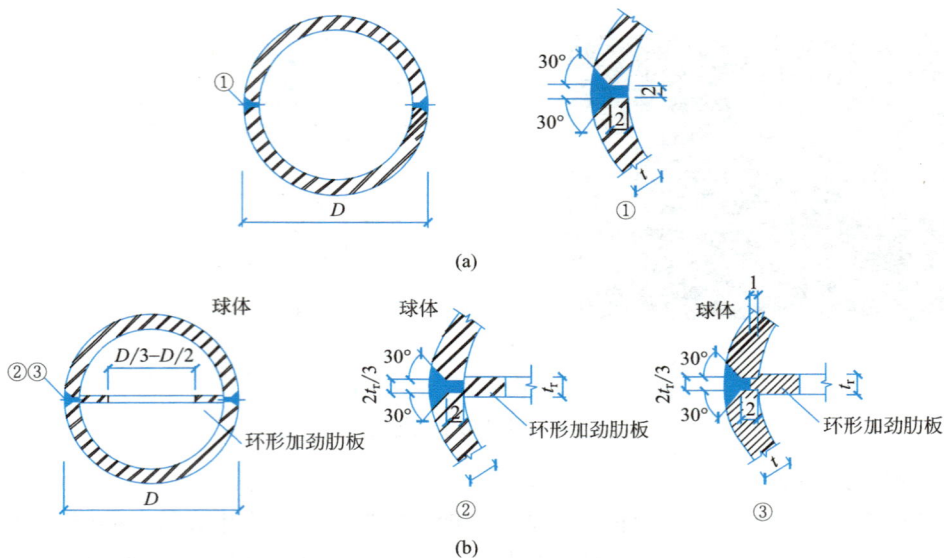

图 5-40　焊接空心球

（a）空心球剖面图无肋空心球；（b）有肋空心球

（2）焊接空心球节点特点

焊接空心球节点的优点是传力明确、构造简单、造型美观、连接方便、适应性强。这种球节点适用于连接圆钢管，只要钢管切割面垂直于杆件轴线，杆件就能在空心球体上自然对中而不产生偏心。由于球体没有方向性，可与任意方向的杆件相连，当汇交杆件较多时，其优点更为突出。因此，它的适应性强，可用于各种形式的网架结构。

焊接空心球节点的缺点是：用钢量较大，节点用钢量占网架总用钢量20％～25％；冲压焊接费工，焊接质量要求高，现场仰焊、立焊占很大比重；杆件下料要求准确；当焊接工艺不当造成焊接变形过大后难于处理。

（3）焊接空心球节点构造

有下列情况之一时，宜在空心球内加设环形加劲肋板：

1）空心球的外径 $D \geqslant 300mm$，且连接于空心球的圆钢管杆件的内力较大时；

2）空心球的壁厚 t 小于与球相连的圆钢管腹杆壁厚 t_s 的2倍即：$t < 2t_s$ 时；

3）空心球的外径 D 大于与球相连的圆钢管腹杆外径 d_s 的3倍即：$D > 3d_s$ 时；

4）在同一网架中，往往需要调整和统一空心球的外径，以减少球的规格，为此需要在空心球内加设环形加劲肋板以满足球体的承载力设计值时。

环形加劲肋板一般与空心球的球壁等厚，应将内力较大的圆钢管杆件设置在环形加劲肋板的平面内。在工程实践中，一般是设置在较大内力弦杆的轴线平面内。

（4）焊接空心球与杆件的连接

圆钢管杆件与空心球的焊接连接，一般均应满足与被连接的圆钢管杆件截面等强。对于小跨度的轻型网架，当管壁厚度 $t < 6mm$ 时，圆钢管杆件与空心球之间可采用角焊缝连接，圆钢管内可不加设短衬管。

对于中跨度以上的网架，或与空心球相连的杆件内力较大，且管壁厚度 $\geqslant 6mm$ 时，圆钢管端部应开坡口，并增设短衬管，与钢球之间采用完全焊透的对接焊缝连接，焊缝质量等级为二级，以确保焊缝与杆件钢材等强。此时其连接细部构造如图 5-41 所示。但有时对某些内力较大的杆件，为了确保焊缝与母材等强，除了对接焊缝外，还采用部分角焊缝予以加强。

（5）焊接空心球的加工

1）焊接球制作工艺流程

焊接球制作工艺流程如图 5-42 所示。

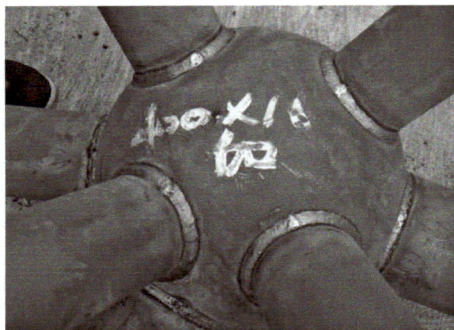

图 5-41　焊接空心球与杆件的连接

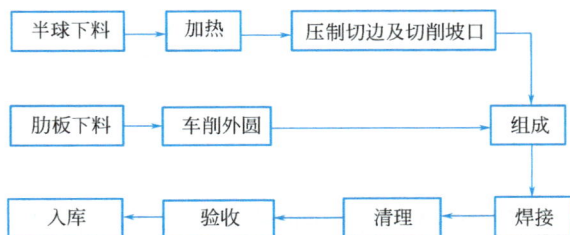

图 5-42　焊接球制作工艺流程

2）焊接球制作主要工序

① 半球下料：按每一种空心球的规格进行放样，将钢板仿型切割下料成半球坯，清除毛边、编号登记。

② 球坯加热：将切割好的钢板球坯放在发射炉上进行加热，发射炉加热温度应控制在 1000～1100℃。

③ 压制切削：用压力机将球坯压制成半圆球体，用半球车床精加工车削成设计要求规格。

④ 组成及焊接：焊接空心球由两个半球焊接而成，分为不加肋、加单肋两种。加劲肋板的厚度同空心球的壁厚。按施工图要求焊接拼接，采用环形全位置施焊，焊接好成品球应表面光滑平整，不得有局部凸起、折皱等。

焊接球的加工有热轧和冷轧两种方法，目前生产的球多为热轧。轧制球的模子，其下模有漏模和底模两种，为简化工艺，降低成本，多用漏模生产。半圆球轧制过程如图 5-43 所示。

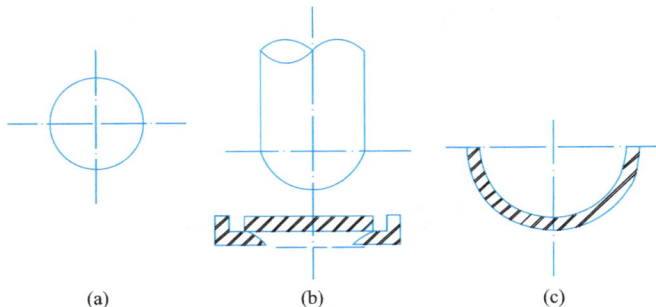

图 5-43　半圆球轧制过程示意

（a）上模；（b）加热后的圆钢板；（c）下模（漏模）

热轧球容易产生以下弊病：壁厚不均匀；"长瘤"，即局部凸起；带"荷叶边"，即边缘有较大的折皱。用漏模热轧的半圆球，其壁厚不均匀情况如图 5-44 所示。球壁的厚度可用超声波测厚仪测量。球体不允许有"长瘤"现象，"荷叶边"应在切边时切去。半圆球切口应用车床切削，在切口的同时做出坡口。

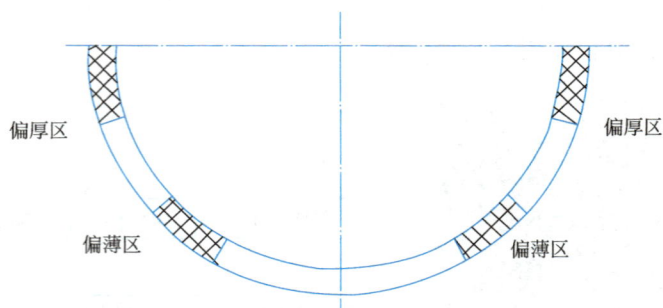

图 5-44　半圆球壁厚不均匀情况

焊接球节点是由两个热轧后经机床加工的两个半圆球相对焊成的。如果两个半圆球互相对接的接缝处是圆滑过渡的（即在同一圆弧上），则不产生对口错边量，如两个半圆球对得不准，或有大小不一，则在接缝处将产生错边值。不论球大小，错边值一律不得大于 1mm。

4. 网架节点的制作

（1）焊接钢板节点的制作

由于焊接钢板节点与角钢杆件用贴角焊缝连接，焊缝长度可以调节，节点板尺寸一般设计得较富裕，允许偏差较大，为±2mm。

制作时，首先根据图纸要求在硬纸板或镀锌薄钢板上足尺放样，制成样板，样板一般可用硬纸或镀锌薄钢板制成，样板上应标出杆件、螺孔等中心线。节点钢板即可按此样板下料，为了使钢板具有整齐的边角，宜采用剪板机或砂轮切割下料，但对不光洁边角应进行修整。节点板按图纸要求角度先施点焊定位，然后以角尺或样板为标准，用锤轻击逐渐矫正，最后进行全面焊接。在节点焊接完成后，要求节点板相互间的夹角仍然与角尺或样板符合网架规程规定，十字节点板间、十字节点板与盖板间夹角的允许偏差为±20″，在杆件焊接前可用标准角规测量检验。焊接节点时，应采取措施，减少焊接变形和焊接应力，如选用适当的焊接顺序，采用小电流（210A 以下）和分层焊接等，为使焊缝左右均匀，宜采用图 5-45 所示的船形位置施焊。

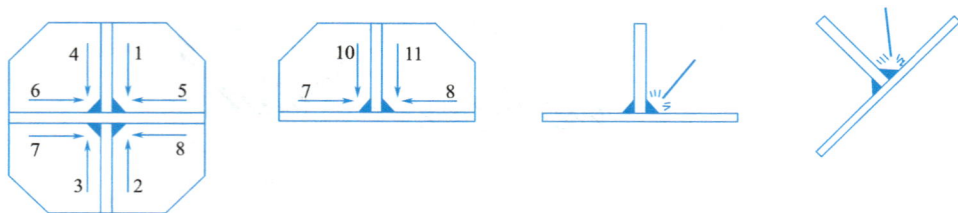

图 5-45　焊接钢板节点的制作

（2）焊接空心球节点的制作

焊接空心球节点是由两个热轧半球经过加工后焊接而成，制作过程如图 5-46 所示。对加肋空心球，应在两个半球对焊前先将肋板放入一个半球内并焊好。半球钢板下料直径约为 2D（D 为球的外径），加热温度一般在 850～900℃，剖口宜用机床。

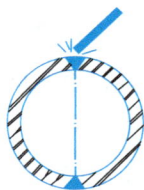

图 5-46　焊接空心球节点

（3）螺栓球节点的制作

制作时，首先将坯料加热后模煅成球坯，然后正火处理，最后进行精加工。加工前应先加工一个高精度的分度夹具，球在车床上加工时，先加工平面螺孔，再用分度夹具加工斜孔。

螺栓球节点的制作工序为：圆钢加热→锻造毛坯→正火处理→加工定位螺纹孔（M20）及其平面→加工各螺纹孔及平面→打加工工号→打球号。

项目拓展

1. 实地参观钢结构生产车间，对网架结构的加工设备及工艺进一步熟悉。
2. 借助互联网了解更多的网架结构加工工艺知识。

项目巩固

绘制本项目学习内容的思维导图。

实训课题

网架及节点的加工制作。

实训目的

使学生能编制网架及节点的加工方案，熟悉网架及节点的加工工艺。

实训程序

1. 老师讲解网架及节点的加工工艺。
2. 联系钢结构生产厂家，到加工实地学习交流。
3. 学生以小组为单位进行讨论和总结学习内容。
4. 每组每位学生写一份实训报告，并以小组为单位汇报。

5.4　网架结构安装

学习目标

掌握网架结构拼装和施工安装的主要方法，能编制网架结构施工方案、吊装专项方案、质量控制及保证措施。

具备编制网架结构拼装、网架结构施工方案、吊装专项方案及施工质量验收的能力，并付诸实施。

5.4.1　网架结构的拼装

网架的拼装一般可分为小拼与总拼两个过程。

网架的杆件与节点制作完毕后，为了减少现场工作量和保证拼装质量，最好在工厂或预制拼装场内先拼成单片桁架，或拼成较小的空间网架单元，然后再运到现场完成网架的总拼工作。

网架拼装应根据网架的跨度、平面形状、网架结构形状和吊装方法等因素，综合分析确定网架制作的拼装方案。

网架拼装一般可采用整体拼装、小单元拼装（分条或分块单元拼装）等。不论选用哪种拼装方式，拼装时均应在拼装模板上进行，要严格控制各部分尺寸。对于小单元拼装的网架，为保证高空拼装节点的吻合和减少积累误差，一般应在地面预装。

1. 网架结构拼装准备

（1）主要机具

1）电焊机、氧—乙炔设备、砂轮锯、钢管切割机床等加工机具。

2）钢卷尺、钢板尺、游标卡尺、测厚仪、超声波探伤仪、磁粉探伤仪、卡钳、百分表等检测仪器。

3）铁锤、钢丝刷等辅助工具。

（2）作业条件

1）拼装焊工必须有焊接考试合格证，有相应焊接工位的资格证明。

2）拼装前应对拼装场地做好安全设施、防火设施。拼装前应对拼装胎位进行检测，防止胎位移动和变形。拼装胎位应留出恰当的焊接变形余量，防止拼装杆件变形、角度变形。

3）拼装前杆件尺寸、坡口角度以及焊缝间隙应符合规定。

4）熟悉图纸，编制好拼装工艺，做好技术交底。

5）拼装前，对拼装用的高强度螺栓应逐个进行硬度试验，达到标准值才能用于拼装。

（3）作业准备

1）螺栓球加工时的机具、夹具调整，角度的确定，机具的准备。

2）焊接球加工时，加热炉的准备，焊接球压床的调整，工具、夹具的准备。

3）焊接球半圆胎架的制作与安装。

4）焊接设备的选择与焊接参数的设定。采用自动焊时，自动焊设备的安装与调试，氧—乙炔设备的安装。

5）拼装用高强度螺栓在拼装前应全部加以保护，防止焊接时飞溅影响到螺纹。

6）焊条或焊剂进行烘烤与保温，焊材保温与烘烤应有专门烤箱。

2. 网架结构中小拼单元

钢网架小拼单元一般是指焊接球网架的拼装。螺栓球网架在杆件拼装、支座拼装之后即可以安装，不进行小拼单元。

（1）小拼单元划分的原则

1）尽量增大工厂焊接的工作量比例。

2）应将所有节点都焊在小拼单元上，网架总拼时仅连接杆件。

（2）小拼单元的制作

根据网架结构的施工原则，小拼及中拼单元均应在工厂内制作。

小拼单元的拼装是在专用模架上进行的，以确保小拼单元形状尺寸的准确性。拼装模架如图 5-47 所示。小拼模架有平台型和转动型两种。平台型类似于平面桁架的放样拼整平台。转动型是将节点与杆件夹在特制的模架上，待点焊定位后，再在此转动的模架上全面施焊。这样焊接条件较好，焊接质量易于保证。

在划分小拼单元时，应考虑网架结构的类型及总拼方案的具体条件。小拼单元可以为平面桁架或单个锥体，其原则是应尽量使小拼单元本身为一几何不变体。图 5-48 为划分小拼单

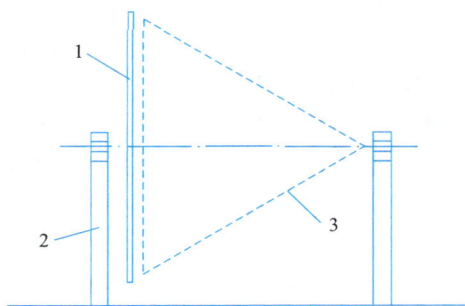

图 5-47　转动型模架示意图
1—模架；2—支架；3—锥体网架杆件

元的一些实例，图 5-48（a）为两向正交斜放网架小拼单元的布置；图 5-48（b）为斜放四角锥网架分割方案，这时的小拼单元必须加设可靠的临时上弦，以免在翻身或吊运时变形。对于斜放四角锥网架，也可采用四角锥体的小拼单元，此时，节点均连在单元体上，总拼时只需连接单元间的杆件。

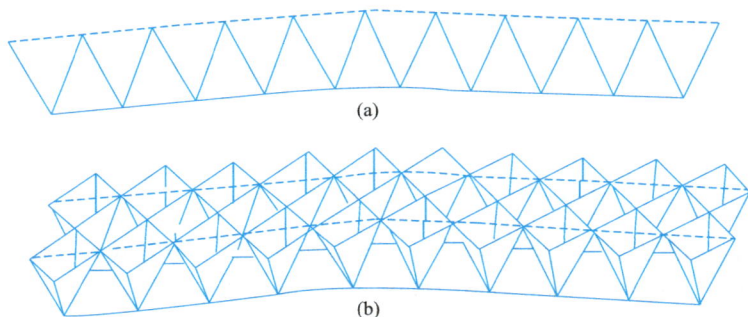

图 5-48　网架的小拼单元的划分
（a）两向正交斜放网架小拼单元的布置；（b）斜放四角锥网架分割方案

3. 总拼

网架结构在总拼时，应选择合理的焊接工艺顺序，以减少焊接变形与焊接应力。一般以采用中间向两端或四周发展拼装与焊接顺序为宜，这样可以使网架在焊接时能比较自由地收缩。如采用相反的拼装与焊接方法，易产生封闭圈使杆件产生较大的焊接应力。

网架总拼时，除必须遵守对施焊的原则之外，还应将整个网架划分成若干圈，先焊内圈的下弦杆构成下弦网格，再焊腹杆及上弦杆；然后再按此顺序焊外面一圈，逐渐向外扩展。这样上、下弦交替施焊，收缩均匀，有利于保持单片桁架的垂直度和网格的设计形

状。如果焊接次序不合理，则在焊接后易出现角部翘起或中心拱起等现象。

当网架采用条（块）状单元在高空进行总拼时，为保证网架总拼后几何尺寸及其形状的准确，应在地面进行预拼装。

采用整体吊装、提升、顶升等安装方法时，网架在地面进行拼装。为便于控制和调整，拼装支架应设在下弦节点处。拼装支架可由混凝土基础上安放短钢管或砌筑临时性砖墩构成。网架结构在地面拼装时应精确放线，其精度要求应高于空拼装时的放线，这主要考虑到地面拼装后还有一个吊装过程，容易造成变形而增加尺寸偏差。

网架总拼后，所有焊缝应经外观检查，并做记录，对大、中跨度网架的重要部位的对接焊缝应做探伤检查。

螺栓球节点的网架拼装时，一般也是下弦先拼，将下弦的标高和轴线校正后，全部拧紧螺栓，起定位作用。开始连接腹杆时，螺栓不宜拧紧，但必须使其与下弦节点连接的螺栓吃上劲，以避免周围螺栓都拧紧后，这个螺栓可能偏歪而无法拧紧。连接上弦时，开始不能拧紧，待安装几行后再拧紧前面的螺栓，如此循环进行。在整个网架拼装完成后，必须进行一次全面检查，看螺栓是否拧紧了。

为保证网架几何尺寸，减少累积误差影响，网架拼装方向很重要，一般情况下都是从中间开始，向外扩展。但也可从一端向另一端进行，网架的拼装方向如图5-49所示。

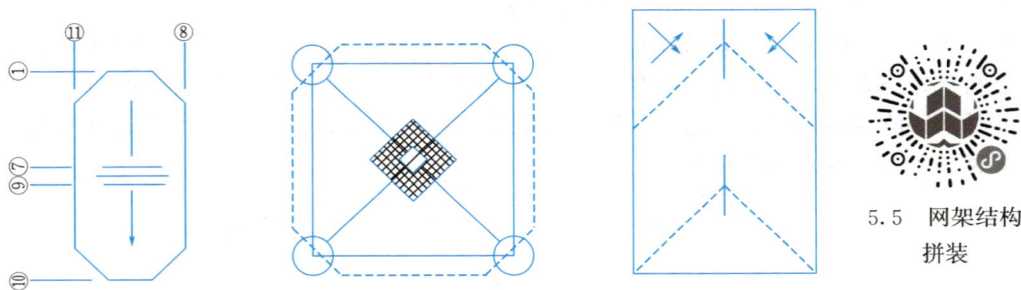

5.5 网架结构拼装

图 5-49 网架拼装方向示意图

5.4.2 网架结构的安装

网架施工的一般工艺流程为：测量放线（支座轴线、节点位置线）→校核→搭设临时支墩（包括网架节点、支点）→抄标高→校核→安放支座（节点）→安装杆件→调整→固定成型（焊接或安装高强度螺栓）→刷油→验收→绑扎→试吊检查→正式起吊→就位安装。

网架的安装是拼装好的网架用各种施工方法将网架搁置在设计位置上。主要安装方法有：高空散装法、分条或分块安装法、高空滑移法、整体吊装法、升板机提升法及整体顶升法。网架的安装方法，应根据网架受力和构造特点，在满足质量、安全、进度和经济效果的要求下，结合施工技术综合确定。

网架结构的节点和杆件，在工厂内制作完成并检验合格后运至现场，拼装成整体。工程中有许多因地制宜的现场安装方法，现分别介绍如下：

1. 高空散装法

高空散装法，是指运输到现场的运输单元体（平面桁架或锥体）或散件，用起重机械吊升到高空对位拼装成整体结构的方法，适用于螺栓球或高强度螺栓连接节点的网架结构，如图 5-50 所示。它在拼装过程中始终有一部分网架悬挑着，当网架悬挑拼接成为一个稳定体系时，不需要设置任何支架来承受其自重和施工荷载。当跨度较大，拼接到一定悬挑长度后，设置单肢柱或支架支承悬挑部分，以减少或避免因自重和施工荷载而产生的挠度。

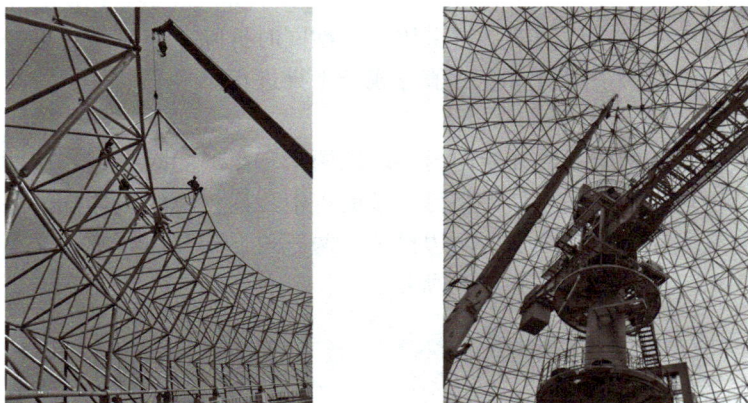

图 5-50　高空散装法（悬挑法）

这种施工方法不需要大型起重设备，在高空一次拼装完毕，但现场及高空作业量大，而且需要搭设大规模的拼装支架，耗用大量材料。适用于螺栓连接节点的各种网架，我国应用较多。

高空散装法有全支架（即满堂红脚手架）和悬挑法两种，全支架法多用于散件拼装，而悬挑法则多用于小拼单元在高空总拼，可以少搭支架。

搭设的支架应满足强度、刚度和单肢及整体稳定性要求，对重要的或大型工程还应进行试压，以确保安全可靠。支架上支撑点的位置应设在下弦处，支架支座下应采取措施，防止支座下沉，可采用木楔或千斤顶进行调整。

拼装可从脊线开始，或从中间向两边发展，以减少积累误差和便于控制标高。拼装过程中应随时检查基准轴线位置、标高及垂直偏差，并应及时纠正。

（1）支架设置

支架是网架拼装成型的承力架，又是操作平台支架，所以，支架搭设位置必须对准网架下弦节点。支架一般用扣件和钢管搭设。它应具有整体稳定性和足够的刚度，并使支架本身的弹性压缩、接头变形、地基沉降等引起的总沉降值控制在 5mm 以下。因此，为了调整沉降值和卸荷方便，可在网架下弦节点与支架之间设置调整标高用的千斤顶。

拼装支架必须牢固，设计时应对单肢稳定、整体稳定进行验算，并估算沉降量。其中单肢稳定验算可按一般钢结构设计方法进行。

（2）支架整体沉降量控制

支架的整体沉降量包括钢管接头的空隙压缩、钢管的弹性压缩、地基的沉陷等。如果地基情况不良，要采取夯实加固等措施，并且要用木板铺地以分散支柱传来的集中荷载。高空散装法对支架的沉降要求较高（不得超过 5mm），应给予足够重视。大型网架施工，必要时可进行试压，以取得所需资料。

拼装支架不宜用竹或木制，因为这些材料容易变形并易燃，故当网架用焊接连接时禁用。

（3）支架的拆除

支架的拆除应在网架拼装完成后进行，拆除顺序宜根据各支撑点的网架自重挠度值。采用分区分阶段按比例或用每步不大于 10mm 的等步下降法降落，以防止个别支撑点集中受力，造成拆除困难。对小型网架，可采用一次性同时拆除，但必须速度一致。对于大型网架，每次拆除的高度可根据自重挠度值分成若干批进行。

（4）拼装操作

总的拼装顺序是从网架一端开始向另一端以两个三角形同时推进，待两个三角形相交后，则按人字形逐榀向前推进，最后在另一端的正中合拢。每榀块体的安装顺序，在开始两个三角形部分是由屋脊部分分别向两边拼装，两三角形相交后，则由交点开始同时向两边拼装，如图 5-51（a）和图 5-51（b）所示。

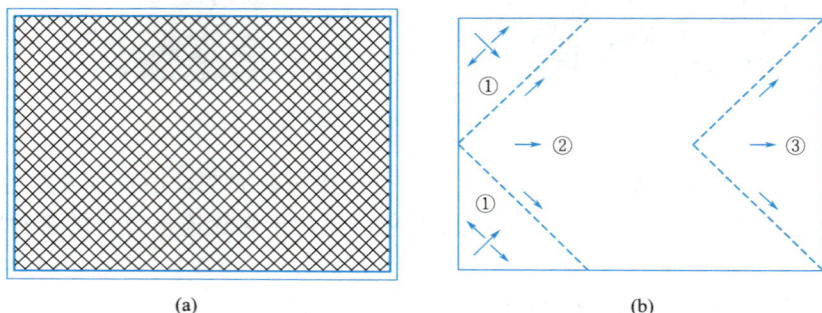

图 5-51　高空散装法安装网架
（a）网架平面；（b）网架安装顺序

吊装分块（分件）用 2 台履带式或塔式起重机进行，拼装支架用钢制，可局部搭设成活动式，亦可满堂红搭设。分块拼装后，在支架上分别用方木和千斤顶顶住网架中央竖杆下方进行标高调整，其他分块则随拼装随拧紧高强度螺栓，与已拼好的分块连接即可。当采取分件拼装时，一般采取分条进行，顺序为：支架抄平、放线一放置下弦节点垫板→按格依次组装下弦、腹杆、上弦支座（由中间向两端，一端向另一端扩展）→连接水平系杆→撤出下弦节点垫板→总拼精度校验→油漆。

每条网架组装完，经校验无误后，按总拼顺序进行下条网架的组装，直至全部完成，如图 5-52 所示。

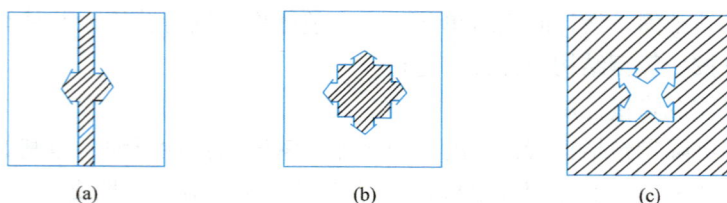

图 5-52　总拼顺序示意图
（a）由中间向两边发展；（b）由中间向四周发展；（c）由四周向中间发展（形成封闭圈）

（5）特点与适用范围

本方法不需大型起重设备，对场地要求不高，但需搭设大量拼装支架，高空作业多。且不易控制标高、轴线和质量，工效降低。本方法适用于非焊接连接（如螺栓球节点、高强度螺栓节点等）的各种网架的拼装，不宜用于焊接球网架的拼装，因焊接易引燃脚手板，操作不够安全。

2. 分条分块法

分条分块法是高空散装的组合扩大。为适应起重机械的起重能力和减少高空拼装工作量，将屋盖划分为若干个单元，在地面拼装成条状或块状组合单元体后。用起重机械或设在双肢柱顶的起重设备（钢带提升机、升板机等），垂直吊升或提升到设计位置上，拼装成整体网架结构的安装方法。

5.6　网架结构的安装方法—分条或分块安装法

条状单元，是指沿网架长跨方向分割为若干区段，每个区段的宽度是1～3个网格，而其长度即为网架的短跨或1/2短跨。块状单元是指将网架沿纵横方向分割成矩形或正方形单元，每个单元的重量以现有起重机能力能胜任为准。

这种施工方法大部分的焊接、拼装工作在地面进行，能保证工程质量，并可省去大部分拼装支架，又能充分利用现有起重设备，比较经济。适用于分割后刚度和受力状况改变较小的网架，如两向正交、正放四角锥、正放抽空四角锥等网架。

（1）条状单元组合体的划分

条状单元组合体的划分是沿着屋盖长方向划分。对桁架结构是将一个节间或两个节间的两榀或三榀桁架组成条状单元体；对网架结构，则将一个或两个网格组装成条状单元体。组装后的网架条状单元体往往是单向受力的两端支承结构。这种安装方法适用于划分后的条状单元体，在自重作用下能形成一个稳定体系，其刚度与受力状态改变较小的正放类网架或刚度和受力状况未改变的桁架结构类似。网架条状单元体的刚度要经过验算，必要时应采取相应的临时加固措施。通常条状单元的划分有以下几种形式：

1）网架单元相互靠紧，把下弦分在两个单元上，如图5-53（a）所示。此法可用于正放四角锥网架。

2）网架单元相互靠紧，单元间上弦用剖分式安装节点连接，如图5-53（b）所示。此

(a)

(b)

(c)

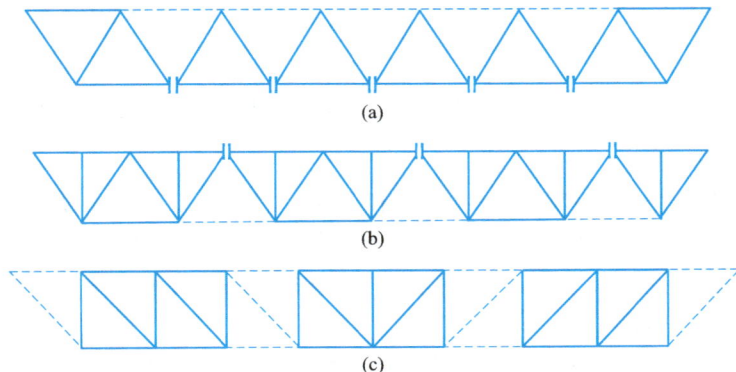

图 5-53　网架条状单元划分方法

（a）网架下弦分在两单元上；（b）网架上弦用剖分式安装；（c）网架单元在高空拼装

163

法可用于斜放四角锥网架。

3）单元之间空一节间，该节间在网架单元吊装后再在高空拼装，如图 5-53（c）所示。此法可用于两向正交正放或斜放四角锥等网架。

分条（分块）单元，自身应是几何不变体系，同时还应有足够刚度，否则应加固。对于正放类网架而言，在分割成条（块）状单元后，自身在自重作用下能形成几何不变体系，同时也有一定刚度，一般不需要加固。但对于斜放类网架，在分割成条（块）状单元后，由于上弦为菱形可变体系，因而必须加固后才能吊装。图 5-54 所示为斜放四角锥网架上弦加固方法。

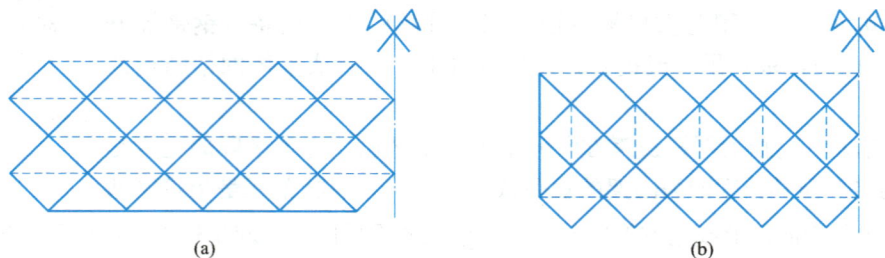

图 5-54　斜放四角锥网架上弦加固方法
（a）网架上弦临时加固件采用平行式；（b）上弦临时加固件采用间隔式

（2）块状单元组合体的划分

块状单元组合体的分块，一般是在网架平面的两个方向均有切割，其大小视起重机的起重能力而定。切割后的块状单元体大多是两邻边或一边有支承，一角点或两角点要增设临时顶撑予以支承。也有将边网格切除的块状单元体，在现场地面对准设计轴线组装，边网格留在垂直吊升后再拼装成整体网架，如图 5-55 所示。

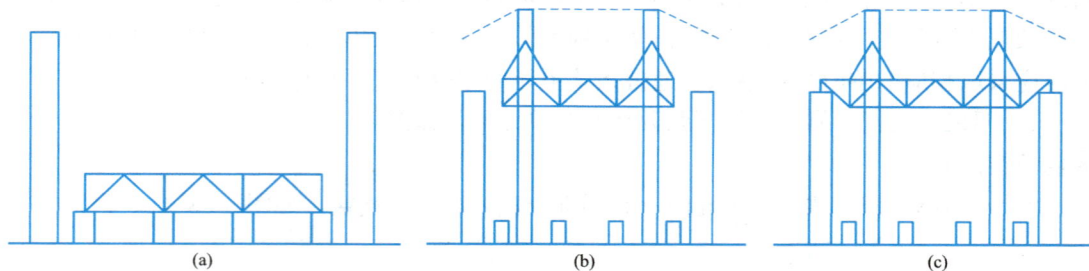

图 5-55　网架吊升后拼装边节间
（a）网架在室内砖支墩上拼装；（b）用独脚拨杆起吊网架；（c）网架吊升后将边节各杆件及支座拼装上

（3）吊装操作

吊装有单机跨内吊装和双机跨外抬吊两种方法。在跨中下部设可调立柱、钢顶撑，以调节网架跨中挠度。吊上后即可将半圆球节点焊接和安设下弦杆件，待全部作业完成后，拧紧支座螺栓，拆除网架下立柱，即告完成。分条分块法安装示意图如图 5-56 所示。

（4）特点与适用范围

本法所需起重设备较简单，不需大型起重设备，可与室内其他工种平行作业，缩短总工期，用工省，劳动强度低，减少高空作业，施工速度快、费用低。但需搭设一定数量的拼装平台。另外，拼装容易造成轴线的积累偏差，一般要采取试拼装、套拼、散件拼装等措施来控制。

164

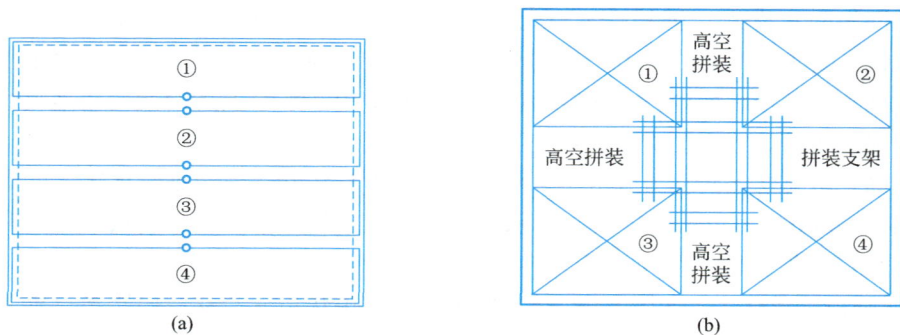

(a)　　　　　　　　　　　　　　　　(b)

图 5-56　分条分块法安装示意图

（a）分条分法安装示意图（图中画圈处表示支点位置）；（b）分块法安装示意图

本法高空作业较高空散装法有所减少，同时只需搭设局部拼装平台，拼装支架量也大大减少，并可充分利用现有起重设备，比较经济，但施工应注意保证条（块）状单元制作精度和控制起拱，以免造成总拼困难。适于分割后刚度和受力状况改变较小的各种中、小型网架，如双向正交正放、正放四角锥、正放抽空四角锥等网架。对于场地狭小或跨越其他结构、起重机无法进入网架安装区域时尤为适宜。

（5）网架挠度控制

网架条状单元在吊装就位过程中的受力状态属平面结构体系，而网架结构是按空间结构设计的，因而条状单元在总拼前的挠度要比网架形成整体后该处的挠度大，故在总拼前必须在合拢处用支撑顶起，调整挠度使其与整体网架挠度相符合，如图 5-57 所示。块状单元在地面制作后，应模拟高空支承条件，拆除全部地面支墩后观察施工挠度，必要时也应调整其挠度。

（6）网架尺寸控制

条（块）状单元尺寸必须准确，以保证高空总拼时节点吻合和减少积累误差，一般可采取预拼装或现场临时配杆件等措施解决。

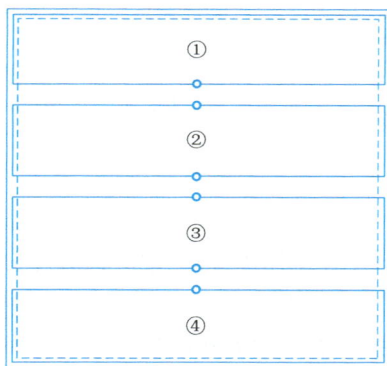

图 5-57　分条法安装挠度控制
支点示意图

（图中画圈处表示支点位置）

3. 高空滑移法

高空滑移法是将网架条状单元组合体在已建结构上空进行水平滑移对位总拼的一种施工方法。适用于网架支承结构为周边承重墙或柱上有现浇钢筋混凝土圈梁等情况。可在地面或支架上进行扩大拼装条状单元，并将网架条状单元提升到预定高度后，利用安装在支架或圈梁上的专用滑行轨道，水平滑移对位拼装成整体网架。此条状单元可以在地面拼成后用起重机吊至支架上，如设备能力不足

5.7　网架结构的安装
方法—高空滑移法

或其他因素，也可用小拼单元甚至散件在高空拼装平台上拼成条状单元。高空拼装平台一般设置在建筑物的一端、宽度约大于两个节间，如建筑物端部有平台可作为拼装平台，滑移时网架的条状单元由一端滑向另一端。

165

这种网架的安装施工方法可与下部其他施工立体作业平行，缩短施工工期，对起重设备、牵引设备要求不高，成本低，可用小型起重机或卷扬机，甚至不用。适用于正放四角锥、正放抽空四角锥、两向正交正放等网架。尤其适用于采用上述网架而场地狭小、跨越其他结构或设备等，或需要进行立体交叉施工的情况。

（1）高空滑移法按滑移方式分类。可分为单条滑移法和逐条积累滑移法：

① 单条滑移法：如图 5-58（a）所示，先将条状单元一条条地分别从一端滑移到另一端就位安装，各条在高空进行连接。

② 逐条积累滑移法，如图 5-58（b）所示，先将条状单元滑移一段距离（能连接上第二单元的宽度即可），连接上第二条单元后，两条一起再滑移一段距离（宽度同上），再接第三条，三条又一起滑移一段距离，如此循环操作直至接上最后一条单元为止。

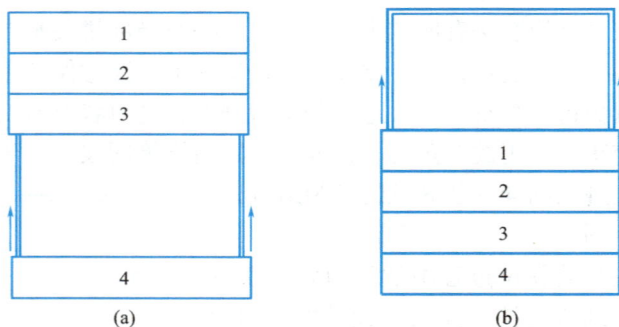

图 5-58　高空滑移法示意图
（a）单条滑移法；（b）逐条累积滑移法

（2）高空滑移法按滑移坡度分类。可分为水平滑移、下坡滑移及上坡滑移三类。如果建筑平面为矩形，可采用水平滑移或下坡滑移；当建筑平面为梯形时，短边高、长边低、上弦节点支承方式网架，则应采用上坡滑移；当短边低、长边高、下弦节点支承方式网架，则可采用下坡滑移。

（3）高空滑移法按牵引力作用方向分类。可分为牵引法及顶推法两类。牵引法即将钢丝绳钩扎于网架前方，用卷扬机或手扳葫芦拉动钢丝绳，牵引网架前进，作用点受拉力。顶推法即用千斤顶顶推网架后方。使网架前进，作用点受压力（图 5-59）。

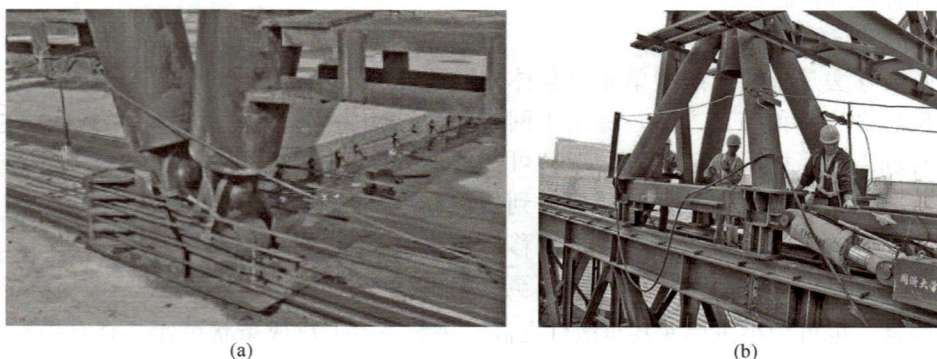

图 5-59　高空滑移法（按滑移时外力作用点不同分）
（a）牵引法；（b）顶推法

（4）高空滑移法按摩擦方式分类，可分为滚动式及滑动式两类。滚动式滑移即网架装上滚轮，网架滑移时是通过滚轮与滑轨的滚动摩擦方式进行的。滑动式滑移即网架支座直接搁置在滑轨上，网架滑移时是通过支座底板与滑轨的滑动摩擦方式进行的（图 5-60）。

（a）　　　　　　　　　　　　　　　　　　　　（b）

图 5-60　高空滑移法（按摩擦方式）

（a）滑动式滑移；（b）滚动式滑移

（5）滑移操作

高空滑移平台由钢管脚手架和升降调平支撑组成，起始点尽量利用已建结构物，如门厅、观众厅，高度应比网架下弦低 40cm，以便在网架下弦节点与平台之间设置千斤顶，用以调整标高，平台上面铺设安装模架，平台宽应略大于两个节间。

网架先在地面将杆件拼装成两球一杆和四球五杆的小拼构件，然后用悬臂式桅杆、塔式或履带起重机，按组合拼接顺序吊到拼接平台上进行扩大拼装。先就位点焊，拼接网架下弦方格，再点焊立起横向跨度方向角腹杆。每节间单元网架部件点焊拼接顺序。由跨中向两端对称进行，焊完后临时加固。牵引可用慢速卷扬机或绞磨进行，并设减速滑轮组。牵引点应分散设置，滑移速度应控制在 1m/min 以内，并要求做到两边同步滑移。当网架跨度大于 50m，应在跨中增设一条平稳滑道或辅助支顶平台。

网架滑移可用卷扬机或手扳葫芦及钢索液压千斤顶，根据牵引力大小及网架支座之间的系杆承载力，可采用一点或多点牵引。

（6）同步控制

当拼装精度要求不高时，控制同步可在网架两侧的梁面上标出尺寸，牵引时同时报出滑移距离。当同步要求较高时，可采用自整角机同步指示装置，以便指挥台随时观察牵引点移动情况，读数精度为 1mm，如图 5-61 所示。网架滑移应尽量同步进行，两端不同步值不大于 50mm。牵引速度控制在 1.0m/min 以内为宜。

（7）挠度的调整

当单条滑移时，一定要控制跨中挠度

图 5-61　自整角机同步指示器

不要超过整体安装完毕后设计挠度，否则应采取措施，或加大网架高度或在跨中增设滑轨，滑轨下的支承架应满足强度、刚度和单肢及整体稳定性要求，必要时还应进行试压，以确保安全可靠。当由于跨中增设滑轨引起网架杆件内力变号时，应采取临时加固措施，以防失稳。

当网架单条滑移时，其施工挠度的情况与分条分块法完全相同；当逐条积累滑移时，网架的受力情况仍然是两端自由搁置的主体桁架。因而，滑移时网架虽仅承受自重，但其挠度仍较形成整体后大，因此，在连接新的单元前，都应将已滑移好的部分网架进行挠度调整，然后再拼接。

滑移时应加强对施工挠度的观测，随时调整。

4. 整体安装法

整体安装法，是指先将网架在地面上拼装成整体，再用起重设备将其整体提升或吊升到设计位置上加以固定。此法不需拼装支架，高空作业少，易保证焊接质量，但对起重设备要求高，技术较复杂。

5.8　网架结构的安装方法——整体安装法

（1）整体吊升法

整体吊升法是将网架结构在地上错位拼装成整体，然后用起重机吊升超过设计标高，空中移位后落位固定。此法不需要搭设高的拼装架，高空作业少，易于保证接头焊接质量，但需要起重能力大的设备，吊装技术也复杂。此法以吊装焊接球节点网架为宜，尤其是三向网架的吊装。根据吊装方式和所用起重设备的不同，可分为多机抬吊及独脚桅杆吊升。

网架就地错位布置进行拼装时，使网架任何部位与支柱或把杆的净距离不小于100mm，并应防止网架在起升过程中被突出物（如牛腿等悬挑构件）卡住。由于网架错位布置导致网架个别杆件暂时不能组装时，应征得设计单位的同意方可暂缓装配。由于网架错位拼装，当网架起吊到柱顶以上时，要经空中移位才能就位。采用多根拨杆方案时，可利用拨杆两侧起重滑轮组，使一侧滑轮组的钢丝绳放松，另一侧不动，从而产生不相等的水平力以推动网架移动或转动进行就位。当采用单根拨杆方案时。若网架平面是矩形，可通过调整缆风绳使拨杆吊着网架进行平移就位；若网架平面为正多边形或圆形，则可通过旋转拨杆使网架转动就位。

采用多根拨杆或多台吊车联合吊装时，考虑到各拨杆或吊车负荷不均匀的可能性，设备的最大额定负荷能力应予以折减。

网架整体吊装时，应采取具体措施保证各吊点在起升或下降时的同步性，一般控制提升高差值不大于吊点间距离的1/400，且不大于100mm。吊点的数量及位置应与结构支承情况相接近，并应对网架吊装时的受力情况进行验算。

1）多机抬吊作业

多机抬吊（图5-62）施工中布置起重机时需要考虑各台起重机的工作性能和网架在空中移位的要求。起吊前要测出每台起重机的起吊速度，以便起吊时掌握，或

图 5-62　多机抬吊网架

168

每两台起重机的吊索用滑轮连通。这样，当起重机的起吊速度不一致时，可由连通滑轮的吊索自行调整。

如网架重量较轻，或 4 台起重机的起重量均能满足要求时，宜将 4 台起重机布置在网架的两侧。只要 4 台起重机将网架垂直吊升超过柱顶后，旋转一小角度，即可完成网架空中移位要求。

多机抬吊一般用多台起重机联合作业，将地面错位拼装好的网架整体吊升到柱顶后，在空中进行移位，落下就位安装。一般有四侧抬吊和两侧抬吊两种方法，如图 5-63 所示。

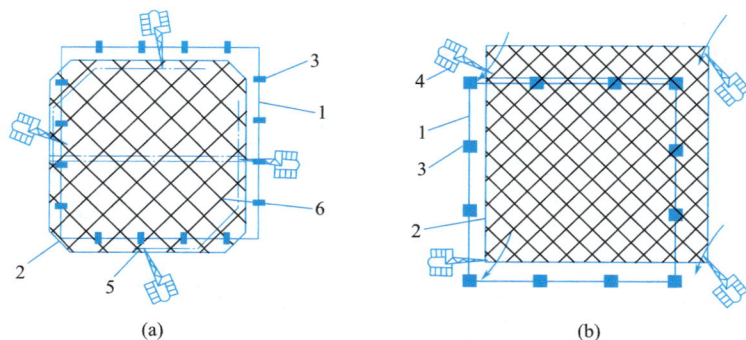

（a）四侧抬吊；（b）两侧抬吊
1—网架安装位置；2—网架拼装位置；3—下柱；4—履带起重机；5—吊点；6—串通吊索
图 5-63　多机抬吊网架示意图

四侧抬吊时，为防止起重机因升降速度不一而产生不均匀荷载，每台起重机设两个吊点，每两台起重机的吊索互相用滑轮串通。使各吊点受力均匀，网架平稳上升。

当网架提到比柱顶高 30cm 时进行空中移位，起重机 A 一边落起重臂，一边升钩；起重机 B 一边升起重臂，一边落钩；C，D 两台起重机则松开旋转刹车跟着旋转，待转到网架支座中心线对准柱子中心时，4 台起重机同时落钩，并通过设在网架四角的拉索和捯链拉动网架进行对线，将网架落到柱顶就位。

两侧抬吊系用 4 台起重机将网架吊过柱顶同时向一个方向旋转一定角度，即可就位。

本法准备工作简单，安装较快速方便。四侧抬吊和两侧抬吊比较，前者移位较平稳，但操作较复杂；后者空中移位较方便，但平稳性较差。而两种吊法都需要多台起重设备条件，操作技术要求较严。

适于跨度 40m 左右、高度 2.5m 左右的中、小型网架屋盖的吊装。

2）独脚拔杆吊升作业

独脚拔杆吊升法是多机抬吊的另一种形式。它是用多根独脚拔杆，将地面错位拼装的网架吊升超过柱顶，进行空中移位后落位固定。采用此法时，支承屋盖结构的柱与拔杆应在屋盖结构拼装前竖立。此法所需的设备多、劳动量大，但对于吊装高、重、大的屋盖结构，特别是大型网架较为适宜。如图 5-64 所示。

多机抬吊作业中，起重机变幅容易，网架空中移位并不困难，而用多根独脚拔杆进行整体吊升网架方法的关键是网架吊升后的空中移位。由于拔杆变幅很困难，网架在空中的移位是利用拔杆两侧起重滑轮组中的水平力不等而推动网架移位。

（2）整体提升法

整体提升法是指网架结构在地面上就位拼装成整体后，用安装在柱顶横梁上的升板机，将网架垂直提升到设计标高以上，安装支承托梁后，落位固定，如图5-64所示。此法不需大型吊装设备，机具和安装工艺简单、提升平稳、同步性好、劳动强度低、工效高、施工安全，但需较多提升机和临时支承短钢柱、钢梁，准备工作量大。升板机提升法适宜于应用在支点较多的周边支承网架，适用于跨度50～70m，高度4m以上，重量较大的大、中型周边支承网架屋盖。当施工现场较窄和运输装卸能力较小，但有小型滑升机具可利用时，采用整体提升法施工可获得较好的经济效果。

图 5-64　独脚拔杆吊升作业

整体提升法应尽量在结构柱子上安装升板机，也可在临时支架上安装升板机。当提升网架同时滑模时，可采用一般的滑摸千斤顶或升板机。整体提升法可利用网架作为操作平台。

当采用整体提升法进行施工时，应该将结构柱子设计成为稳定的框架体系，否则应对独立柱进行稳定验算。当采用电动提升机时，应验算支承柱在两个方向的稳定性。

提升点设在网架四边，每边7～8个。提升设备的组装系在柱顶加接的短钢柱上安工字钢上横梁，每一吊点上方的上横梁上安放一台300kN电动穿心式提升机，提升机的螺杆下端连接多节长4.8m的吊杆，下面连接横吊梁，梁中间用钢销与网架支座钢球上的吊环相连接。在钢柱顶上的上横梁处，又用螺杆连接着一个下横梁，作为拆卸吊杆时的停歇装置。

当提升机每提升一节吊杆后（升速为3cm/min），用U形卡板塞入下横梁上部和吊杆上端的支承法兰之间，卡住吊杆，卸去上节吊杆，将提升螺杆下降与下一节吊杆接好，再继续上升，如此循环往复，直到网架升至托梁以上，然后把预先放在柱顶牛腿的托梁移至中间就位，再将网架下降于托梁上，即告完成。

网架提升时应同步，每上升60～90mm观测一次，控制相邻两个提升点高差不大于25mm。

（3）整体顶升法

本法设备简单，不用大型吊装设备，顶升支承结构可利用结构永久性支承柱，拼装网架不需搭设拼装支架，可节省大量机具和脚手架、支墩费用，降低施工成本；操作简便、安全，但顶升速度较慢，对结构顶升的误差控制要求应严格，以防失稳。适于多支点支承的各种四角锥网架屋盖安装如图 5-65 所示。

当采用千斤顶顶升时，应对其支承结构和支承杆进行稳定验算。如稳定性不足，则应采取措施予以加强。应尽可能将屋面结构（包括屋面板、顶棚等）及通风、电气设备在网架顶升前全部安装在网架上，以减少高空作业量。

图 5-65　整体顶升实例

利用建筑物的承重柱作为顶升的支承结构时，一般应根据结构类型和施工条件，选择四肢式钢柱、四肢式劲性钢筋混凝土柱，或采用预制钢筋混凝土柱块逐段接高的分段钢筋混凝土柱。采用分段柱时，顶制柱块间应联结牢固。接头强度宜为柱的稳定性验算所需强度的 1.5 倍。

当网架支点很多或由于其他原因不宜利用承重柱作为顶升支承结构时，可在原有支点处或其附近设置临时顶升支架。临时顶升支架的位置和数量的决定，应以尽量不改变网架原有支承状态和受力性质为原则。否则应根据改变的情况验算网架的内力，并决定是否需采取局部加固措施。临时顶升支架可用枕木构成，如天津塘沽车站候车室，就是在 6 个枕木垛上用千斤顶将网架逐步顶起，也可采用格构式钢井架。

顶升的支承结构应按底部固定、顶端自由的悬臂柱进行稳定性验算，验算时除考虑网架自重及随网架一起顶升的其他静载及施工荷载之外，还应考虑风荷载及柱顶水平位移的影响。如验算认为稳定性不足时，应首先从施工工艺方面采取措施，不得已时再考虑加大截面尺寸。

顶升的机具主要是螺旋式千斤顶或液压式千斤顶等。各类千斤顶的行程和提升速度必须一致，这些机具必须经过现场检验认可后方可使用。顶升时网架能否同步上升是一个值得注意的问题，如果提升差值太大，不仅会使网架杆件产生附加内力，且会引起柱顶反力的变化，同时还可能使千斤顶的负荷增大和造成网架的水平偏移。

1）顶升准备

顶升用的支承结构一般利用网架的永久性支承柱，或在原支点处或其附近设置临时顶升支架。顶升千斤顶可采用普通液压千斤顶或丝杠千斤顶，要求各千斤顶的行程和顶升速度一致。网架多采用伞形柱帽的方式，在地面按原位整体拼装。由 4 根角钢组成的支承柱（临时支架）从腹杆间隙中穿过，在柱上设置缀板作为搁置横梁、千斤顶和球支座用。上、下临时缀板的间距根据千斤顶的尺寸、行程、横梁等尺寸确定，应恰为千斤顶使用行程的整数倍，其标高偏差不得大于 5mm，如用 320kN 普通液压千斤顶，缀板的间距为 420mm，即顶升一个循环的总高度为 420mm，千斤顶分 3 次（150mm＋150mm＋120mm）顶升到该标高。

2）顶升操作

顶升应做到同步，各顶升点的升差不得大于相邻两个顶升用的支承结构间距的 1/1000，且不大于 30mm，在一个支承结构上有两个或两个以上千斤顶时不大于 10mm。

当发现网架偏移过大，可采用在千斤顶座下垫斜垫或有意造成反向升差逐步纠正。同时，顶升过程中网架支座中心对柱基轴线的水平偏移值，不得大于柱截面短边尺寸的 1/50 及柱高的 1/500，以免导致支承结构失稳。

3）升差控制

顶升施工中同步控制主要是为了减少网架偏移，其次才是为了避免引起过大的附加杆件应力。而提升法施工时，升差虽然也会造成网架偏移，但其危害程度要比顶升法小。

顶升时当网架的偏移值达到需要纠正时，可采用千斤顶垫斜或人为造成反向升差逐步纠正，切不可操之过急，以免发生质量安全事故。由于网架偏移是一种随机过程，纠偏时柱的柔度、弹性变形又给纠偏以干扰，因而纠偏的方向及尺寸并不完全符合主观要求，不能精确地纠偏。故顶升施工时应以预防网架偏移为主，顶升时必须严格控制升差并设置导轨。

5.4.3 网架结构的安装质量验收

网架结构的安装质量验收依据《钢结构工程施工质量验收标准》GB 50205—2020 的规定。

项目拓展

1. 实地参观网架结构工程施工现场，对网架结构工程的拼装、施工安装及验收知识进一步熟悉。
2. 借助互联网了解更多的网架结构工程施工实例。

项目巩固

绘制本项目学习内容的思维导图。

实训课题

网架结构的拼装及验收。

实训目的

使学生能够依据实训指导图、网架装配图、拼装方案要求拼装网架结构，并对拼装好的网架进行验收，并熟练掌握网架拼装方法和网架结构验收方法。

实训程序

1. 老师讲解安全规程和注意事项。
2. 老师讲解拼装流程和验收方法。
3. 学生以小组为单位进行拼装和验收。
4. 每组每位学生写一份实训报告，并以小组为单位汇报。

模块小结

本模块主要按照网架结构的基本知识→网架结构图纸识读→网架结构加工制作→网架

结构拼装与施工安装→网架结构验收的工作过程对网架结构特点与构造、加工制作设备选择、加工制作工艺与流程、拼装与施工安装方法和验收内容等进行了阐述和讲解。

模块巩固

一、判断题

1. 网架结构拼装时要选择合理的焊接工艺，尽量减少焊接变形和焊接应力。拼装的焊接顺序应从两端或四周开始向中间进行。　　　　　　　　　　　　　　　（　　）

2. 高空散装法是指以小拼单元或散件在高空就位拼装的方法，它适用于焊接球节点的网架。　　　　　　　　　　　　　　　　　　　　　　　　　　　　　（　　）

3. 网架安装方法的选用取决于网架形式、现场情况、设备条件及工期要求等情况。
　　　　　　　　　　　　　　　　　　　　　　　　　　　　　　　　　　（　　）

4. 按支承情况分类，下图中的网架属于周边与点相结合支承的网架。　　　（　　）

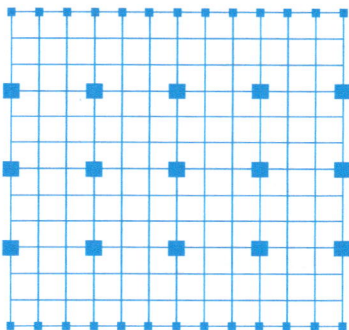

5. 起拱是指大跨度屋面在建造时，为修正自重沉降或满足排水要求而采取的提前增加跨中高度的措施。　　　　　　　　　　　　　　　　　　　　　　　　　（　　）

6. 抽空网架是指为满足采光等需要将正常网架按照一定间距取消相应腹杆和下弦杆所形成的网架。　　　　　　　　　　　　　　　　　　　　　　　　　　　（　　）

7. 网架结构是一个空间铰接杆系结构，在任意外力作用下不允许几何可变，故必须进行结构几何不变性分析，以保证结构的几何不变。　　　　　　　　　　　（　　）

8. 网架结构工程安装中，小拼单元是指除散件之外的最小安装单元，一般分平面桁架和锥体两种类型。中拼单元是指由散件和小拼单元组成的安装单元，一般分条状和块状两种类型。　　　　　　　　　　　　　　　　　　　　　　　　　（　　）

9. 平面管桁架结构的上弦、下弦和腹杆都在同一平面内，结构平面外刚度很好，不需要通过侧向支撑保证结构的侧向稳定。　　　　　　　　　　　　　　　（　　）

10. 为了保证相贯节点连接的可靠性，节点处主管可以不连续，支管端部插入主管内后焊接即可。　　　　　　　　　　　　　　　　　　　　　　　　　　　（　　）

二、填空题

1. 下图所示是网架结构安装采用的高空滑移法示意图，图（a）和图（b）分别是_____法和_____法。

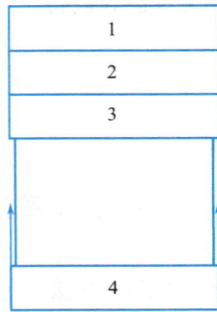

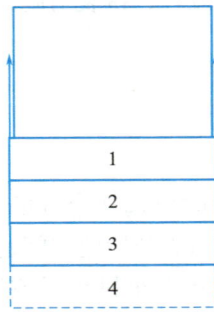

(a)   (b)

2. 网架结构常用的压力支座节点有_____压力支座节点、_____压力支座节点、_____压力支座节点、_____压力支座节点四种。

3. 网架在地面就地拼装成整体后，随安装机具选择的不同，可分为_____、_____和_____等安装方法。

4. 双层网架是由_____、_____和_____组成的空间结构，是最常用的一种网架结构。

5. 三层网架是由_____、_____、_____、_____和_____等组成的空间结构。

6. 按支承情况分类，下图中的网架属于_____网架。

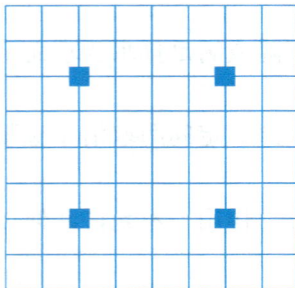

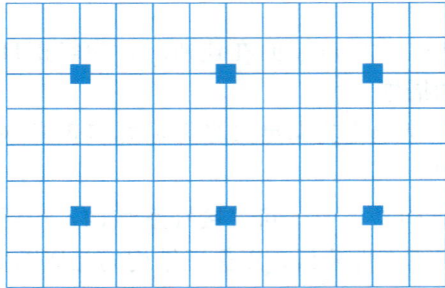

7. 网架结构的单元主要有_____、_____和_____单元。

8. 网架的节点分为_____、_____和_____等，常见的有_____和_____。

9. 网架的拼装一般可分为_____和_____两个过程。

三、简答题

1. 网架结构按支承情况分为哪几类？

2. 网架按结构组成可分为哪几类？

3. 下图所示的节点属于网架结构的哪一种连接节点？一般由哪些零件组成？

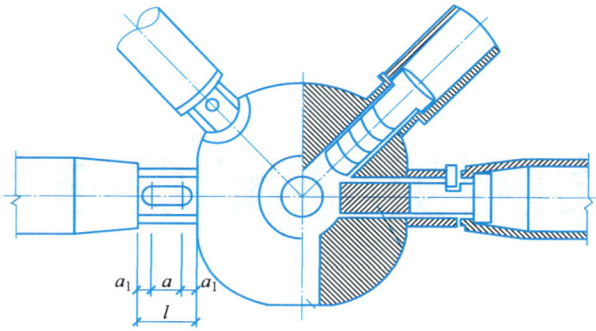

4. 请简述网架结构杆件的制作工艺流程。

附录

装配式钢结构实训操作指导图 ▸▸

1. 轻钢门式刚架
实训安装流程

2. 钢框架结构
实训安装流程

3. 桁架结构
实训安装流程

4. 网架结构
实训安装流程

参考文献

［1］中华人民共和国住房和城乡建设部．钢结构工程施工规范 GB 50755—2012［S］. 北京：中国建筑工业出版社，2012.

［2］中华人民共和国住房和城乡建设部．钢结构工程施工质量标准 GB 50205—2020［S］. 北京：中国建筑工业出版社，2020.

［3］中华人民共和国住房和城乡建设部．《钢结构高强度螺栓连接技术规程》JGJ 82—2011［S］. 北京：中国建筑工业出版社，2011.

［4］戚豹，朱文革．钢结构工程施工［M］. 北京：人民邮电出版社，2015.

［5］潘宝生，李芬红．钢结构工程施工［M］. 上海：上海交通大学出版社，2014.